乡村聚居发展动力机制

——重庆实证与理论诠释

潘崟

 著

U0283380

Rural Settlement Development Dynamics

—Chongqing Empirical Study and
Theoretical Interpretation

中国建筑工业出版社

图书在版编目（CIP）数据

乡村聚居发展动力机制：重庆实证与理论诠释 =
Rural Settlement Development Dynamics—Chongqing
Empirical Study and Theoretical Interpretation /
潘崟著 . — 北京：中国建筑工业出版社，2024. 9.
ISBN 978-7-112-30423-3

Ⅰ . TU982.297.19

中国国家版本馆 CIP 数据核字第 2024S2G304 号

本书提供全书彩色照片图 2-3、图 4-1、图 6-8、图 6-9 的电子版作为数字资源，读者可使用手机 / 平板电脑扫描右侧二维码后免费阅读。

操作说明：

扫描右侧二维码 →关注"建筑出版"公众号 →点击自动回复链接 →注册用户并登录 →免费阅读数字资源。

注：数字资源从本书发行之日起开始提供，提供形式为在线阅读、观看。如果扫码后遇到问题无法阅读，请及时与我社联系。**客服电话：4008-188-688**（周一至周五 **9:00—17:00**），**Email：jzs@cabp.com.cn。**

责任编辑：李成成
责任校对：王　烨

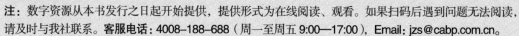

乡村聚居发展动力机制
——重庆实证与理论诠释

Rural Settlement Development Dynamics
— Chongqing Empirical Study and Theoretical Interpretation

潘　崟　著
*
中国建筑工业出版社出版、发行（北京海淀三里河路9号）
各地新华书店、建筑书店经销
北京雅盈中佳图文设计公司制版
建工社（河北）印刷有限公司印刷
*
开本：787毫米×1092毫米　1/16　印张：12¼　字数：243千字
2024 年 12 月第一版　2024 年 12 月第一次印刷
定价：**59.00**元（赠数字资源）
ISBN 978-7-112-30423-3
　　（43762）

前　言

我国乡村聚居历史悠久，长期以来一直是主要的人居模式。改革开放后中国逐渐从农业社会走向工业社会，城镇化的进程快速推进，大量乡村人口迁移到城镇生活，主要聚居形式开始转移。伴随着乡村常住人口急剧减少，导致乡村社会结构失调，乡村生产、生活、生态空间遭到破坏，乡村聚居的可持续发展面临挑战。就中国社会经济发展大趋势而言，城镇化的推进无法回避。受其影响，乡村聚居相对衰退亦是不可避免。

在此背景下，需要深层次挖掘乡村聚居发展动力机制，寻找决定人们选择乡村聚居与城镇聚居的关键要素及发展规律，如何促进城乡双向迁移，平缓、科学达到乡村聚居收缩与城镇聚居扩张的临界点，最终达到乡村聚居科学、可持续发展，实现乡村振兴，是本书意图解决的主要问题。

本书首先结合乡村聚居的历史由来，从乡村居民是乡村聚居主体的角度定义了乡村聚居的概念内涵；结合现有国内外乡村聚居研究，从传统、新型、特殊三个角度总结了乡村聚居发展动力要素现状；借助系统动力学、农户地理论、空间计量经济学、制度经济学融合的方法及途径，分别使用二元逻辑分析方法、空间计量分析方法、定性分析方法提出并实证研究了基于乡村居民迁居意愿分析的微观动力机制，基于县域人口迁移空间计量分析的中观动力机制，基于户籍、土地制度与乡村政策分析的宏观动力机制，并提出微观动力机制是本质，中观动力机制是表象，宏观动力机制是催化剂，三种动力机制互相影响，互相作用，共同形成了乡村聚居发展动力机制。以乡村聚居发展动力机制理论为基础，提出了注重城乡推拉作用和引入数据决策的思考。在分析乡村聚居发展趋势的基础上，认为乡村聚居相对衰退的发展趋势可能长期存在，提出了"去芜存精""精准收缩""迁徙双向自由"等的相关政府政策建议。

本书构建乡村聚居发展动力机制理论框架，并对乡村聚居的未来发展进行了探索和预测。在全面推进乡村振兴的新时代，为乡村聚居科学可持续发展提供了理论参考和技术支撑。本书的出版，感谢以下项目研究经费支持：国家自然科学基金青年项目（51808063）、重庆市教委科技项目（KJQN202400725）、横向科研项目（2022-KJ-JY-20）。

目　录

1

绪 论

1.1　缘起

"聚居"其字面意思是指集中在一起居住，语出《国语·晋语二》："且夫偕出偕入难，聚居异情恶。"虽然只有区区几千年的人类文明史，但是聚居作为一种社会行为却从原始社会开始一直伴随着人类文明的发展成长。在现代意义上的聚居概念，根据聚居地点与生活方式的不同，通常分为城市（型）聚居和乡村（型）聚居[1]。远古以来，人类文明的绝大部分时间都处于乡村聚居文明。而近代以来，西方部分国家通过工业革命，获得了巨大的生产力，率先在世界上完成了城市化（城镇化）①这一历史进程，使人类文明开启了以城市聚居为主的时代。随后，很多国家如日本、韩国等相继完成了城市化进程，进入了以城市聚居为主的时代。我国由于各种原因，城镇化进程虽然基本完成，但仍有大量人口处于乡村聚居的人居方式中。

1.1.1　乡村聚居仍然是我国重要的人居方式

我国是世界四大文明古国之一，在发展的历史长河中主要以乡村聚居为人居方式。且在历史发展过程中，逐渐形成了不同于西方文明的、独特的、"天人合一"的人居环境观。对乡村聚居的人居建设及演变机理有着深刻的理解和认识。纵观我国发展历史，乡村聚居历史传承链条清晰，社会发展和演变的过程比较完整，文化特征鲜明。作为世界农业发源地之一，中国乡村居民辛苦劳作、细心耕耘，在长期的生产实践过程中，不但养活了自己，也创造出了闻名世界的农业文明。尽管近年来城镇化的历史进程中，乡村社会处于相对萎缩的状态，但乡村社会中稳定的农业生产、安全的乡村生态、安居乐业的乡村居民始终是我国国家自立、可持续发展、社会安定的重要基础。这些基本国情决定了与农业、生态、居民息息相关的乡村聚居在社会发展中的重要性。

改革开放以来，中国社会逐渐从农业社会走向工业社会。随之带来的是城镇化（城市化）的发展，人们的聚居形式也由此逐渐发生改变。自 1995 年城镇化率突破 30% 以后，我国城镇化发展迅速。1995 年至 2022 年，我国城镇化率从 29.04% 发展到了 65.22%，以平均每年 1.33 个百分点的速度发展，以我国的人口基数来看是个巨大的数字，城镇人口平均每年增长约 2000 万人。以 2022 年的城镇化率来算，在中国有

---

① 城市化（Urbanization），在国内又称为城镇化、都市化，是人类发展历史进程中的一个产物，是由农业为主的传统乡村社会向以工业和服务业为主的现代城市社会逐渐转变的历史过程。

接近 5 亿人口生活在乡村中，所以乡村聚居在不远的将来依然是我国重要的人居模式。因此，乡村聚居发展的研究是我国重要的研究课题，既是难点也是重点。

1.1.2　国家乡村振兴战略的核心要求

乡村问题始终关系着我国社会与经济稳定与发展。在快速城镇化进程中，乡村发展亦受到国家政府部门高度重视。为了更好地发展乡村，党的十九大作出重大决策部署，实施乡村振兴战略。我国发展不平衡不充分问题在乡村最为突出，实施乡村振兴战略，是解决人民日益增长的美好生活需要和不平衡、不充分的发展之间的矛盾的必然要求。

乡村聚居是乡村居民集中居住、生活、生产的一种社会现象或社会产物。乡村振兴的核心就是完善乡村聚居的内部与外部的条件与环境，改善基础设施、人居环境，优化乡村生产机制，提高乡村对人口流动的核心竞争力。因此，乡村聚居发展的目的就是乡村振兴，乡村振兴战略亦为乡村聚居发展的方向和目标提出了要求，为研究乡村聚居发展动力机制指明了方向和道路。乡村聚居将如何在乡村振兴战略中形成发展动力机制？将如何伴随中国完成新型城镇化这一历史进程？值得我们去思考和探索研究。

1.1.3　乡村聚居可持续发展面临的挑战

由于城乡二元体制长期存在，且近年来完成了快速城镇化进程，使得乡村发展相较城市而言处于低位。尤其是居民收入、基础设施建设、公共设施配套等方面，乡村与城镇差距较明显。国家实施乡村振兴战略之后，乡村的社会经济结构、发展动力机制发生了巨大变化，但束缚乡村发展的城乡二元结构仍继续存在。大量劳动力受到城市的吸引，离开乡村迁移到城市。在提高我国城镇化率的同时，也导致大量乡村永久农田农地撂荒、房屋空置、产业发展困难。在乡村振兴战略支持下，乡村聚居发展形势仍需谨慎乐观。

随着工业化、城镇化进程不断突破历史新高，城乡之间人口差距态势不但没有缩小，反而呈现加大的趋势。快速推进的城镇化造就了城市基础设施建设及居民收入极快地提高，相比较乡村基础建设相对滞后、社会发展相对衰退、居民收入提升有限。为了改善乡村居民的生产、生活、生态环境，国家实施了乡村振兴战略，意图改善一系列"农村病"。如：城镇化导致的大量农村劳动力离开农村，而形成"空心村"；未经合理规划的大量化工厂、钢厂等污染企业在乡村建设，使乡村生态环境日益恶化而形成"癌症村"；乡村产业经济萎靡而导致产业经济混乱、村民价值观扭曲而形成的"涉毒村""诈骗村""造假村"等。在很短的时间内，扭转了一些乡村的发展方向，如乡村产业经济复苏而形成的"研学村"、网络经济带动的"淘宝村"、旅游产业带动的"度假村"。

研究动力机制是预测与改善乡村聚居发展形势的必要手段。

现阶段我国城镇化率已达65%，速度虽然放缓，但城镇人口与乡村人口的比例仍在持续扩大。目前，乡村聚居发展仍然未收缩到一个相对平衡状态。当务之急是研究如何科学规划、引导乡村聚居发展不以牺牲乡村居民的生产、生活、生态环境为代价，适应现阶段中国社会经济发展，走上科学可持续发展的道路。

因此，现阶段的乡村聚居发展仍显脆弱，财政支持、转移支付是支撑乡村振兴的主要手段，少数乡村可以产生自我循环的经济动力。研究乡村聚居发展动力机制才能预测和改善我国乡村聚居的发展趋势及方向，才能有的放矢、针对性地提出关于乡村空间规划和政府引导的建议。因此，乡村聚居发展动力机制的研究具有时代性和学科亟需性。

1.2　研究动因与价值

1.2.1　研究动因

本书在研究现有乡村聚居、城市化理论的基础上，分析乡村聚居在各时空领域的动力要素及其形成原因。并通过实证分析的手段，从乡村居民微观尺度、县域空间人口迁移中观尺度、相关政策宏观尺度运用计量统计分析、空间计量分析、定性分析等分析手段，计量与定性相结合分析乡村聚居在现阶段经济社会快速发展下的发展动力机制。最后在本书建立的乡村聚居发展动力机制系统模型上提出相应的发展建议。

从而希望能论证以下问题：①现阶段我国对乡村聚居发展动力机制的研究现状是什么，研究内容、手段、成果有哪些？②如何通过微观、中观、宏观三个角度构建乡村聚居发展动力机制？③在系统地构建起诠释乡村聚居发展动力机制的理论后，对乡村发展技术路径的改进有何新思考？④反思乡村聚居发展动力机制理论的适用性问题，并在分析乡村聚居发展趋势的基础上提出乡村振兴的发展建议。为乡村聚居往可持续方向发展提供参考依据，为乡村振兴相关要素的内在动力机制提供科学的理论基础，为重庆地区乃至我国西部地区乡村聚居的发展提供技术支持。

1.2.2　研究价值

开展乡村聚居的发展动力机制研究有助于构建更为完善的中国特色社会主义乡村振兴理论体系，同时对指导新型城镇化中城乡融合、科学发展具有较为重要的意义。

（1）研究乡村聚居发展动力机制有利于了解乡村聚居内生与外在的发展趋势，引导乡村聚居科学发展，配合新型城镇化进程，具有重要现实意义。

乡村聚居是中国社会文化的重要组成部分，是乡村社会存在的载体。乡村聚居是人们的情感之根，文化传承的"活化石"，是链接人与自然的纽带。乡村的自然、文化生态系统均是中国宝贵的历史文化遗产。建设"美丽乡村"，实现乡村振兴，离不开乡村聚居的可持续发展。研究乡村聚居的动力机制有利于了解乡村聚居内生与外在的发展趋势，合理配置社会经济资源，促进乡村振兴、"美丽乡村"与新型城镇化的协调发展。

乡村聚居合理科学发展，是缓解"空心村"、人口老龄化、"城市病"等社会问题的重要砝码。城镇化中人口的迁移离不开农村的推力，而城镇的发展对农村的拉力作用亦影响巨大。乡村人口、社会、经济和文化发生变化或演变的过程也是城镇化的过程，理清乡村聚居发展动力机制可以深入了解乡村发展现状及趋势，为政府制定相应乡村聚居发展引导政策提供科学依据。由于特殊的国情，中国城镇化在改革开放后才迅猛发展，并赶上了信息革命。由于科学技术对城镇化的加速作用，使得中国城镇化速度加快，城、镇、村社会结构发生剧烈变化，同时也带来一些城乡矛盾。乡村聚居的科学发展可以有效提升乡村人居环境，缓解日益拉大的城乡差距。因此，研究乡村聚居发展动力机制，创新城乡融合发展机制，并促使其健康发展，是一项非常紧迫又具有深远意义的工作。

城镇化是一定时空内，城镇与乡村相互作用的结果。在经济体制改革的过程中，城乡二元体制始终是阻碍发展的重要因素之一。乡村聚居作为乡村振兴、新型城镇化的落地点，乡村聚居科学发展反映着乡村振兴、新型城镇化等国家战略的成败。研究乡村聚居发展动力机制，有利于深层挖掘乡村发展体制，与城市形成差异化发展，配合城镇化进程，缩小城乡差距，具有重要现实意义。

（2）作为城乡空间规划的基础性研究，区别于城市发展模型，建立系统的乡村聚居发展模型，具有重要的学术价值。

乡村聚居是唯物历史观的概念，但在中国城镇化进程中是个新的研究对象。我国近代乡村聚居研究起步晚，在研究内容、研究深度上相对于城镇化的研究有着一定的局限性与滞后性。当前，城乡国土空间规划相应的理论体系建设和方法研究往往以城市模型为主，乡村为辅。本书研究借用其他学科之视角，从乡村聚居发展动力机制角度看乡村前景，试图从空间和机制两种途径探析乡村空间规划的框架与过程模式。同时，近年来我国的城镇化，促发了城乡二元结构问题的扩展，导致了乡村聚居问题研究的被动性、片面性与传统性。研究乡村聚居发展动力机制有助于形成完整的乡村聚居发展理论和科学的乡村规划方法，具有重要的学术价值。

（3）乡村聚居是个复杂的社会问题，从城乡融合发展视角，运用多维度、多学科交叉的研究方法理解和研究乡村聚居发展动力机制具有重要的学术意义。

处于城镇化中的乡村聚居是一个具有复杂的经济、政策背景以及政治、文化的产物，同时使乡村聚居具有了多重属性。乡村聚居不仅仅是一个社会文化现象，更是经济产业现象。在其他老牌资本主义发达国家城镇化的过程中，受限于计算机能力及分析模型理论、大数据的处理能力，使用大范围的数据处理手段和空间计量模型较为复杂和困难，使得城市与乡村的协同发展研究滞后于实际进程多年。而现今处于算力爆炸时代，多学科交叉的研究带来巨大的突破，本书研究从城乡规划学出发，融合了人文地理学、区域经济学、空间计量经济学理论，研究中国处于城镇化进程影响下的乡村聚居发展动力机制具有理论上的时代性、创新性。

乡村聚居研究是城镇化研究的重要分支，在国土空间规划多规合一的趋势下，研究乡村聚居发展动力机制是对我国城镇化研究体系的完善。充分借鉴城镇化研究的经验，以城镇化作为乡村聚居的反向动力，挖掘其内在差异与联系，从宏观、中观、微观角度，以乡村聚居为主体，对乡村聚居发展动力机制进行全面系统的研究，拓宽了乡村聚居研究的学科视野，可促进乡村聚居研究的复兴，同时补充乡村振兴及新型城镇化城乡协调发展理论。

1.3　乡村聚居发展动力机制概念认知

1.3.1　表象与内涵

1. 乡村聚居的历史演进

一般认为，聚居的产生是源自原始人的群居生活。原始社会弱肉强食的生存法则以及恶劣的自然环境，使得原始人类希望生存下去就必须几个人或一群人共同生活去对抗各种风险。美国学者埃弗里特·M.罗吉斯（Everett M.Rogers）提出，人类聚居是出于某种动机，动机可以是安全、地位、归属、依从或权利的需要，最初的聚居社区可能是为防御外界天敌的侵犯而形成的[2]。而这种聚居存在于距今几万年至7000年左右。这段时间人群迁徙不定，当原来的驻地没有食物可采，没有野兽可猎食的时候，迫于生活他们就迁徙到另一个食物丰富的地方。这种"逐水草而居无定所"而形成的生活住区就是村落的雏形，被农村社会学家称为泛群社区或游牧社区[3]。然而，这种聚落仍然不能称之为农村。直到开始出现原始农业。中国原始农村大约形成于距今7000年至5000年之间，这时已进入了农耕年代，种植业开始发展，人们为了耕种开始定居下来。当时的较为典型的聚落有"半坡遗址"① 和"河姆渡遗址"②，前者具有了完整的村落空间，包括了居住区、公共区等，后者则发掘出了稻谷等，说明此时中国开始进入了真正意义上的乡村聚居[4]。

之后，随着社会的发展，出现了商业、手工业与农业的分工，农村的性质也因之发生了一定的改变。然而，直到近现代出现了工业革命，农业机械代替了传统的人力和畜力，生产力得到了解放，农村发展轨道走上了一条与历史完全不同的道路。

2. 乡村聚居的现代阐述

在现代建筑与规划理论研究中，希腊学者道萨迪亚斯认为，按聚居的不同性质，通常可以把人类聚居分成乡村（型）聚居和城市（型）聚居两大类[5]。同是作为人类主观能动性创造的社会产物，从本质上来说，乡村聚居与城市聚居属于同一类事物，都是人们集中生产生活的历史产物，同时也是人们生产、生活、进行社会活动的场所。中国学者吴良镛院士结合中国国情，发展道氏的聚居学思想，提出"人居环境"的概念，将其定义为"人类聚居生活的地方"，指出人类聚居是人类居住活动的一种现象、过程和形态[6]。与乡村聚落概念稍有不同，聚落又称"居民点"，是按生产和生活的需要，居民集聚定居的地点，根据其性质和规模，可分为城市、集镇、村庄、村寨、居民点等[7]。可以看出，聚落的概念主要强调地点及空间，是人类聚居的场所，而聚居则是将人作为主体，将其看作在自然条件下的社会产物，赋予其社会属性产生的一种社会现象（图1-1、图1-2）。

关于中国乡村聚居，费孝通认为中国农民聚居而成村的原因有四点：每家耕地的面积小，小农经营，所以聚在一起住，住宅和农场不会距离得过分远；需要有水

---

① 半坡遗址，位于陕西省西安市东郊灞桥区浐河东岸，是黄河流域一处典型的原始社会母系氏族公社村落遗址，属新石器时代仰韶文化，距今6000年以上。遗址面积约5万 m^2。已发掘出46座房屋、200多个窖穴、6座陶窑遗址、250座墓葬，出土生产工具和生活用品约1万件，还有粟、菜籽遗存。

② 河姆渡遗址，是中国晚期旧石器时代遗址，位于距宁波市区约20km的余姚市河姆渡镇，面积约4万 m^2，1973年开始发掘，是中国已发现的最早的新石器时期文化遗址之一。农业起源表明人类社会从单一的攫取式经济开始向生产式经济发展，这一转变拓展了食物来源，为人类发展奠定了物质基础，所以在人类发展史上有十分重要的意义。

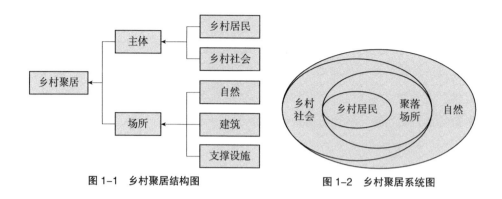

图 1-1　乡村聚居结构图　　　　　　　　　图 1-2　乡村聚居系统图

的地方，他们有合作的需要，一起住，合作起来比较方便；为了安全，人多了容易保卫自己；土地平等继承的原则下，兄弟分别继承祖上的遗业，使人口在一个地方一代一代地积累起来，成为相当大的村落[8]。黄宗智以小农家庭和小农经济为主体研究了农村的发展规律，认为农村发展是基于人口与土地的关系决定的[9]。而 G. 威廉姆·施坚雅（G. William Skinner）认为过去对中国乡村社会的研究，几乎都是把注意力集中于自然村落，这一观点歪曲了农村社会结构的实际，其提出农民的社会交往区域，其边界不是他所居住的村庄，而是他周期性赴会的农村集市，而且其周边区域约等于六边形，这比单纯地考虑地理的因素更进了一步[10]。曾山山、周国华在费孝通与黄宗智研究的基础上总结为，乡村聚居是指具有一定规模的、与农业生产密切相关的人群，在一定地域范围内集中居住、生产生活的现象、过程与形态，这一过程中往往会形成村庄、集市、集镇等小规模地域空间形态，以及由血缘、姻亲、宗族、地缘等交织的熟人社会网络形态[11]。

3. 本书中的乡村聚居含义

在我国行政统计上，有具体的城乡划分规定。虽然其城乡划分会有模糊的交界处，也有不合理的划分方法，但是其作为研究统计数据的来源规定，有必要纳入本书乡村聚居的含义之中。最新规定是国家统计局在 2008 年印发的《关于统计上划分城乡的暂行规定》①：首先将我国的地域划分成了城镇和乡村，然后规定了城镇的定义（表 1-1）。城区是指在市辖区和不设区的市中，经本规定划定的区域。城区包括：街道办事处所辖的居民委员会地域；城市公共设施、居住设施等连接到的其他居民委员会地域和村民委员会地域。镇区是指在城区以外的镇和其他区域中，经本规定划定的

---

① 主要针对 1999 年印发的《关于统计上划分城乡的规定（试行）》进行了修订，2006 年通过，2008 年印发实施，主要为了更准确地评价我国的城镇化水平，制定本规定。

区域。镇区包括：镇所辖的居民委员会地域；镇的公共设施、居住设施等连接到的村民委员会地域；常住人口在 3000 人以上独立的工矿区、开发区、科研单位、大专院校、农场、林场等特殊区域。然后认定乡村是指本规定划定的城镇以外的其他区域。将居民委员会和村民委员会作为最小划分单元，取消了之前规定中的人口密度甄别指标。

中国城乡地域划分与代码标准比较　　　　　　　　　　　　表 1-1

代码	1999 年	2006 年
100	城镇	城镇
110	城市	城区
111	设区市的市区	主城区
112	不设区市的市区	城乡接合区
120	镇	镇区
121	县及县以上人民政府所在建制镇的镇区	镇中心区
122	其他建制镇的镇区	镇乡结合区
123	—	特殊区域
200	乡村	乡村
210	集镇	乡中心区
220	农村	村庄

注：表格依据统计局《关于统计上划分城乡的暂行规定》绘制[12]。

最后，本书中**乡村聚居的概念**总结为：乡村聚居是相对于城市聚居独立的，一定地域范围内，农村常住居民集中居住、生活、生产在一起的一种社会现象或社会产物。它或以地缘和血缘为纽带，或以第一产业生产为基础，但主要由居住、生活、生产的农村人口及其家人组成。在研究过程中，调查获取数据时主要使用我国统计局 2008 年印发的《关于统计上划分城乡的暂行规定》和 1999 年的《关于统计上划分城乡的规定（试行）》（因为某些时间序列数据需用到 2008 年之前的统计数据）中的城乡划分，同时结合 2008 年施行的《中华人民共和国城乡规划法》中区分了城镇体系规划、城市规划、镇规划、乡规划和村庄规划的论述，认为**乡、乡村、乡中心区、村庄均为本书中的乡村**。

4. 动力机制科学定义

"机制"一词，原指机器的构造原理和工作方式、机器内部各部分间的组合、传动的制约关系等运行的原理，在近现代"人是机器"的论点提出后，逐渐被借用到生物学和医学中，用以表示生物有机体各组织和器官的有机结合，产生特定功能的相互作用关系[13]。后来，因其符合中国传统"整体论"思维方式，现代许多学科如人口学、地理学、经济学等都借用"机制"一词，形成了社会机制、经济机制等概念。其中，机制在社会科学中引申为一个工作系统的组织或部分之间相互作用的过程和方式，社会机制则是指社会的结构及其各部分之间的内在联系。要阐明某一社会功能的机制，就意味着要对这一功能的认识从现象的描述进入到本质的说明[14]。

"动力"原指使机械做功的各种作用力，在汉语中常比喻推动工作、事业等前进和发展的力量[15]。而由研究动力产生了动力学，如牛顿的运动定律等。而在后来的社会发展中，美国麻省理工学院福雷斯特·J.W.（Forrester J.W.）教授创立了系统动力学，包含工业动力学、城市动力学、世界动力学等，其本质上是研究复杂系统的一种建模分析方法，主要从内部出发研究其结构并建立系统的动态模型，然后借助电子计算机进行分析模拟，而研究其内在运转机制及其应对策略[16]。

结合以上对动力和机制的理解，可以将动力机制总结为，影响事物发展运动的各因素的结构、功能及其相互关系，以及这些因素产生影响、发挥功能的作用过程和作用原理及其运行方式。在客观事物中，最典型的例子是汽车动力机制，其包含了发动机、传动箱、油箱、轮胎、电子控制系统、刹车系统等，其共同作用构成了汽车的动力机制。而其原理在社会科学中也经常引用到经济学、政治学、社会学中作为研究对象，如社会动力机制、城镇化动力机制等。在马克思哲学理论中，推动社会事物发展的因素是多种多样的，对社会事物发展起推动作用的各种因素作用不同，相互关联、相互影响，共同构成了多层次和复杂的社会发展动力机制[17]。并依照因素作用的性质、范围和形式，可以把它们区分为：功能因素和条件因素；根本动力和直接动力；基本动力和非基本动力；主要动力和次要动力等。

5. 乡村聚居发展动力机制的表象与内涵

在上述的定义中，乡村聚居属于一个人类社会发展的产物，是乡村居民集中居住生活、生产的社会现象。乡村聚居的发展动力机制亦属于社会发展动力机制的一种。因此，综上所论，认为**乡村聚居发展动力机制的表象**是：推动乡村聚居发展过程中的各类因素，以及各因素之间相互作用而产生动力或者阻力的过程、原理、现象。同时结合城市聚居及城镇化理论，认为**乡村聚居发展动力机制的内涵**是：促使乡村居民生活在乡村或迁移出乡村的各类因素，及各类因素产生的动力及阻力的过程、原理、现象。同时，其构成机制可以分为根本动力和直接动力、动力和阻力、主要动力和次要动力、微观动力和宏观动力等。本书主要将提炼各种因素，及定性与定量地分析各动力要素对乡村聚居的影响机制，同时将动力与阻力、主要动力和次要动力分类等综合起来，以人为主体，从微观、中观、宏观的角度去分析各作用力对乡村聚居发展的综合作用。

1.3.2　与城镇化、集中新建居民点的关系

1. 城镇化与乡村聚居

城镇化也就是城市化，这一概念被用来大致描述乡村向城市演变的过程；从社会学的角度，城市化就是乡村生活方式转化为城市生活方式的过程；经济学上从工业化的角度来定义城市化，即认为城市化就是乡村经济转化为城市化大生产的过程。

本书中对城镇化的理解是，乡村人口生活方式及生活居住地向城镇生活、居住转换的过程，达到集中居住、生产、生活在城市的一种状态。其中，人口以统计领域中的常住人口为主，而非户籍人口。城镇化与城市化同属一物，在引用时尽量保持原文字，所以在文中同时存在城镇化与城市化，但两者意义相同。

从本质上，乡村聚居与城镇化都是人的生活方式不同的一种描述，而且与人的行为密不可分，都是指人类在不同区域的聚集，一个在城市聚集而居，一个在乡村聚集而居。两者从定义上同为人口集中的社会现象，都是人类活动的中心，都与人们的生产、生活息息相关。而且可以认为（图1-3），在中国的现阶段乡村聚居与城市聚居在趋势上是相反的，城镇化可以认为是乡村聚居的阻力，也可以认为乡村聚居是城市聚居在城镇化之前的前身，或者城镇化可能是部分未来的过程。在本书中的乡村聚居发展动力要素中亦主要考虑了城镇化的影响力。

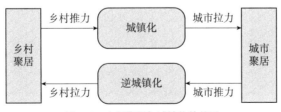

图1-3　乡村聚居与城镇化的关系

2. 研究中乡村聚居与集中新建居民点的关系

集中新建居民点又称新农村、集中居住区、新型农村社区等，其主要是在中央提出的社会主义新农村建设背景下产生的。社会主义新农村建设是指在社会主义制度下，

按照新时代的要求，对农村进行经济、政治、文化和社会等方面的建设，最终实现把农村建设成为经济繁荣、设施完善、环境优美、文明和谐的社会主义新农村的目标。

集中新建居民点的主要运行机制与内涵是，加强农村土地集中利用，以及控制农村人口分布，强化村庄建设空间管制，改善乡村居民居住生活条件，采用集体土地置换、集体建设用地使用权流转、村庄撤并的办法，引导自然村及周边行政村的农村人口到集中新建居民点居住。其过程又被称为"农村社区化""就地城镇化""城乡融合发展"等。

近年来，中国城镇化快速发展，赋予了乡村聚居新的内涵，上述的集中新建居民点被泛称为乡村聚居，其主要是指将农民的土地流转集中化，生产、生活再集中新建的居民点中。其实是一种乡村就地城镇化的方式，从表面上看就是乡村集中居住在一起，工作在一起。但是，此内涵是狭义的，它仅仅是本书中乡村聚居定义中的一部分，属于乡村聚居的范畴，但不等同于乡村聚居。

1.4　乡村数据来源及设定

1.4.1　研究范围

（1）在时间范围上，在微观动力机制研究中，数据搜集时间主要在 2013 年至 2015 年间。在中观动力机制研究中，集中在 2005—2014 年重庆直辖以来的数据分析。原因如下：从研究内容看，主要是针对重庆市城市带动农村发展从而产生对乡村聚居发展的拉力，而城市化快速发展主要是重庆市直辖之后；从研究价值看，1996 年以前城镇化发展极为缓慢，新中国成立以来至重庆直辖之前城镇化率仅 30% 左右，城镇的集聚效应对乡村聚居的影响无法得到有效的分析，而在 2013 年重庆市城镇化率已接近 60%，说明重庆市的直辖对地域发展有极大的拉动作用。同时，由于国内统计口径的变化及直辖后有一段时间的数据混乱，综合分析，本书在中观县域空间分析中选择2005—2014 年十年的统计数据。在宏观动力机制研究中，在国家层面主要选择新中国成立以来的政策，在地方层面选择重庆市直辖以后的地方政策进行分析。

（2）在研究地域范围上，在微观动力机制研究中，主要选取重庆市范围内乡村居民进行了问卷调查。在中观动力机制研究中由于本书主要运用了空间分析手段，所以本应主要基于地理、空间位置相邻性选择研究对象；但是，因本书主要分析的是与行政区划及相关政策极为相关的人口、经济、基础设施建设等，其相关数据只能以行政区划获得。因此，在中观尺度，选择使用重庆市辖 38 个区、县、自治区的统计数据。

在宏观动力机制研究中，主要对国家体制政策与重庆地方政策进行研究分析；在规划建设技术路径与实践反馈研究中，结合国家"十二五"科技示范项目"成渝城乡统筹区村镇集约化建设关键技术与示范"，将地域研究范围主要集中于重庆地区内，同时以科技示范点四川省李庄镇永胜村作为重要补充。

1.4.2　研究方法

本书主体研究部分遵循"归纳—实证—总结"的实证研究范式，首先对现有研究文献进行了归纳总结并提出研究命题，其次通过相关理论构建研究基础框架，然后进行了定性与定量相结合的实证分析，最后结合实践提出路径及对策。具体如下。

1. 从概念演绎和文献总结提出研究核心问题

理论研究首先使用文献研究法，针对乡村聚居发展动力机制，通过调查文献来获得相关研究现状，通过思考乡村聚居与城镇聚居、城镇化的关系与不同，提出以人为主体的乡村聚居发展动力机制概念。并通过相关理论分析（主要有农户地理学、"用脚投票"理论、帕累托最优理论、城市经济学、人口学、空间计量经济学、制度经济学等理论），构建了以宏观、中观、微观为角度的乡村聚居发展动力机制的研究内容、体系、方法。

2. 定量与定性方法相结合进行实证分析

在微观层次动力机制研究中，在问卷调查法的基础上，主要使用了计量统计分析方法：描述性统计分析法、方差分析法、二元 Logistics 回归分析法；在中观层次动力机制研究中，主要使用了空间计量分析方法：全局空间自相关分析法、局部空间自相关分析法、空间计量回归分析法；在宏观层次动力机制研究中，主要使用了定性分析的方法。

3. 理论研究与实践反馈相结合进行研究总结和实践建议

通过动力机制的分析提出了乡村聚居发展规划的技术路径，然后结合国家"十二五"科技示范项目的实践反思，提出了乡村聚居规划目标、基本理念与原则，以及根据乡村聚居发展动力机制的研究结果预测乡村聚居的发展趋势，并提出相关的建议与对策，从而展开"归纳演绎—实证分析—理论总结—实践思考"的理论研究与实践反馈相结合的研究。

1.5　本书的技术方法与视角框架

1.5.1　方法与技术

1. 方法：将城镇化的拉力作为主要影响动力，从反作用力的角度研究乡村聚居发展动力机制

通过文献研究总结和对时代背景的分析，作者认为当前乡村聚居的发展重点集中在与城镇化的协同关系上，分析得出现阶段乡村聚居的发展离不开城市发展的拉力和乡村自身发展的推力。同时，在前期调研中发现，我国城镇化快速发展过程中，城镇的拉力作用明显。通过逆向思维，将城镇化以及城市发展的动力机制作为反向作用力，纳入到乡村聚居的动力机制研究中。

在本书中主要体现在：微观动力机制研究中，分析乡村居民迁居城区、集中新建居民点、居住原居民点的意愿来研究城镇的拉力和农村的推力影响；中观动力机制研究中，分析县域空间农村人口与城镇人口的县域流动、集聚情况（即县域城镇化现状）与变化趋势，研究乡村聚居的整体发展趋势与影响因素。

2. 技术：使用空间计量分析手段研究县域空间乡村聚居发展动力机制

在预测和判断传统农村发展趋势的研究中，常使用传统计量统计手段进行分析，但忽略了研究因素上地理空间的联系。而在本书中依托于城镇对乡村的影响而研究的乡村聚居发展动力机制具有天生的地理空间上的关系。因此，使用了源于空间计量经济学、擅长处理地理数据空间分析的空间计量分析方法。

在本书中主要体现在：中观动力机制研究中，在依托重庆市县域空间统计数据的实证分析基础上，使用了以县域为单位的面板数据，主要采用空间计量自相关模型分析和空间计量回归模型分析手段，对重庆市辖区农村人口及相关要素进行了全局空间自相关分析，并构建局部空间自相关 LISA 集聚图，从而更为形象地阐释重庆市的县域空间上，各区县农村人口及相关要素发展的现状及趋势。最后，通过空间计量回归模型，将农村人口作为被解释变量进行了回归分析，确定了在县域空间乡村聚居要素的空间关系，构建了中观层次的乡村聚居发展动力机制。

1.5.2　视角与框架

以往的相关研究较为广泛，主要研究学科是人文地理学、人口学、社会学、经济

学等。理论假设丰富，研究内容也较为全面，欠缺较为统一的理论模型构建，也缺乏从本质到表象，由表及里，以农村人口为主体的乡村聚居动力模型研究。因此，本书对乡村聚居发展动力要素进行了梳理，从发展视角出发，从宏观、中观、微观三个层次整合构建了乡村聚居发展动力机制研究框架。

在书中主要体现在：以乡村居民迁居意愿分析为核心的微观动力机制，以县域空间农村人口迁移空间计量分析为核心的中观动力机制，以户籍、土地制度与乡村政策分析为核心的宏观动力机制。提出微观动力机制是本质，中观动力机制是表象，宏观动力机制是催化剂，三者相互联系、相互作用共同形成整体的乡村聚居发展动力机制。并通过重庆实证研究分别对宏观、中观、微观动力机制内涵进行了诠释。微观的乡村居民自身状况、乡村居民居住状况、集中新建居民点三者主要要素的影响力构成微观动力机制框架；中观的产业经济指标 GDP [即国内（地区）生产总值]、人均 GDP 和固定资产投资、固定资产投资密度的影响力构成了中观动力机制框架；宏观政府政策的影响力构成了宏观动力机制框架。

2

乡村聚居现状与研究进展

本章节主要内容：首先，为了理解现有研究的特性，对乡村聚居的历史发展现状进行了简述；然后对乡村聚居发展动力要素进行了研究进展分析；再对乡村聚居发展动力机制整体研究现状进行了内容成果总结；最后通过研究现状的分析，提出现有的研究缺点及成果，并以此提出本书的研究角度和整体框架，以便于研究设计和理论框架搭建。

2.1　乡村聚居在中国的发展现状

中国自古以来就是一个农业大国，乡村聚居发展已有几千年历史，综合全面地回顾中国乡村发展历史已经超出了本书的研究范围。在本章中，将结合中国城市地理学的研究，简述中国乡村聚居发展现状，有助于论文综述、讨论中国不同时期的乡村聚居动力要素。

2.1.1　乡村聚居的七个历史时期

中国是四大文明古国之一，聚落的发展已有悠久的历史。中国古代乡村聚居发展缓慢，参考中国城市地理学研究，可以将乡村聚居发展分为 7 个历史时期：①中国奴隶社会及封建社会发展时期（1840 年以前）；②鸦片战争至中华人民共和国成立的现代城市早期发展时期（1840—1949 年）；③战后恢复短暂发展时期（1949—1960年）；④由于自然灾害及其他因素导致的发展起伏波动时期（1960—1966 年）；⑤城镇发展停滞，乡村假象繁荣时期（1966—1978 年）；⑥改革开放初期城镇化准备时期（1978—1995 年）；⑦快速城镇化时期（1995 年至今）。中国古代聚居活动虽然曾经在1840 年以前繁荣发展过，但由于生产力与生产关系的原因，使得城市与乡村格局长期稳定，没有太大变化（第一时期）。但是近代的世界大战及国内解放战争导致中国并没有顺利完成工业革命，使得中国城镇化发展已经落后于当时的英国等工业化国家（第二时期）。在二战及国内解放战争结束之后，中国满目疮痍，虽然进行了较快的恢复发展，但是依然是一个农业大国，乡村与城市发展均较为缓慢（第三时期）。随之而来的三年自然灾害以及国际政治风波，使得中国乡村与城镇发展剧烈地起伏波动（第四时期）。之后由于中国发生了"上山下乡"事件，大量城市青年离开城市，在乡村工作和定居，使得农村人口增长率一直高于城市（第五时期）。随后开启了改革开放时代，由于此时中国依然没有完成工业化，所以改革开放初期，城镇开始稳定发展，城市化率缓慢增长，在此阶段乡村释放了生产力，乡村聚居得到了长足的发展（第六时期）。在改革开放后的不断努力中，中国终于在 1996 年城镇化率达到了 30%，进入了"S 曲线"

中的快速发展阶段，自此乡村聚居开始了中国几千年以来的第一次衰落（第七时期）。

现在中国（2023年）的城镇化依然处于快速发展阶段的末期（如图2-1所示，城镇化率为66.16%），这时已经超过了世界城镇化平均水平（城镇化率），而乡村聚居则在城镇化的影响下，已经开始劳动力流失、空心化，远不如城市发展迅速。与乡村聚居相比较，城市聚居走向了不可逆的相反的道路。

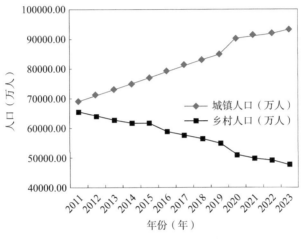

图2-1　中国人口现状（不含港澳台）

2.1.2　乡村聚居的三个发展阶段

乡村聚居与城市聚居是人类聚居方式的两种类型，其发展是相辅相成的。综合中国城市地理学对乡村发展历史时期的研究，基于不同时期鲜明的发展特点，根据研究文献中的发展动力要素和当时的社会生产力的不同，可以将七个历史发展时期提炼为三个发展阶段：①传统自然地理条件主导阶段（1949年以前）；②国家政策主导阶段（1949—1978年）；③城镇化与国家政策因素共同主导时期（1978年至今）。

在第一阶段，中国经历了原始社会、奴隶社会、封建社会、半殖民地半封建社会，在其期间，社会生产力并无太大区别，中国社会发展较为稳定，聚居形式亦无太大变化。中国幅员辽阔，地质环境复杂，自然灾害频繁。其中，中国文化起源于江河水源之地，受水灾影响尤为严重。其次，中国的传统文化传承、宗族意识、血缘关系亦是维护传统村落发展的重要因素。中国近现代战争频繁，战争因素亦在一定程度上影响了中国聚居的发展。总的来说，在这一阶段，中国乡村聚居的发展依然受自然地理因素影响最为直接、巨大。

在第二阶段，第二次世界大战及国内解放战争结束之后，百废待兴，经历了短暂的快速恢复时期。之后，陷入了长期起伏波动、停滞不前、表面繁荣的发展阶段。乡村人口增长率是乡村聚居发展的表象，从图 2-2 中可以看出从新中国成立开始到 1959 年，农村人口经历了快速恢复发展阶段，但随之而来的 3 年自然灾害以及国际政治因素与城市人口一样进入了起伏波动时期，一直持续到 1964 年。从 1964 年开始到 1973 年，由于中国特殊的国情，使得乡村人口增长率大于城市。可以明显看出，在此阶段国家政策主导着中国乡村聚居的发展，甚至出现了逆城市化的现象。虽然乡村人口出现了上升，但属于不正常现象，并不符合历史规律。在这一阶段，乡村聚居发展主要受中国特殊国情及政府政策影响。

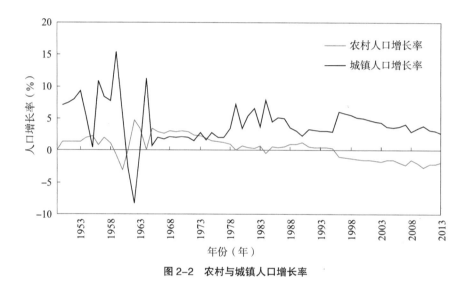

图 2-2　农村与城镇人口增长率

第三阶段，可以看出 1978 年开始，中国的乡村人口增长率就已经开始持续走低。结合图 2-2 可知，从 1978 年开始，中国城镇化率不断上升，在 1995 年进入了快速城镇化阶段。同时结合图 2-2 所示，非常明显，乡村人口增长率起伏开始与城镇人口增长率呈反向关联，并且城镇化率越高，乡村人口增长率起伏与城镇人口增长率越相关。说明在此阶段，城镇化发展对乡村聚居发展的影响开始占据主导因素。但是由于中国特殊的国情，中国的城镇化发展与乡村聚居建设均伴随着中央政府的户籍制度、土地制度而进行。因此，本书将此阶段定义为城镇化与政府政策同时主导的阶段，但是在此阶段中，城镇化的拉动力量日趋变强，政府政策的制约力量日趋变弱。

2.2　乡村聚居发展动力要素研究进展

通过总结现有的文献研究，本书依据上文的三个发展阶段将乡村聚居发展动力要素分类为传统动力要素、新型动力要素、特殊动力要素。这三种类型中的主导因素影响着不同时期中国乡村聚居的发展，但是三种主要的因素并不是单独存在的，而是相互依存、相互影响的。比如，即使是传统要素如地理要素等依然对现有的乡村聚居发展产生影响，但它在科技发展的影响下，已不是最主要的发展因素。有学者认为城市化、工业化、人口是中国乡村聚居时空演变的主要推动力，但中国政府的政策影响却是最重要的；也有学者提出政策和制度、经济增长、城市化是影响当今中国乡村聚居演变的主要因素。所以本节中，尽量将各种动力因素都纳入其中并分类，是为了更好地分析其中每个元素相互的关系，而不是将其割裂开来。具体内容如下。

2.2.1　传统动力要素的影响整体减弱

中国乡村的历史发展是个复杂而多变的演变进程，本书依据中国的历史发展阶段，结合相关研究理论，将传统驱动要素定义为中国乡村聚居诞生以来一直存在的驱动要素，并将其分为了地理自然要素和民俗文化要素。

1. 地理自然要素

地理自然要素对乡村聚居发展的影响毋庸置疑。从人类文化起源开始，就会选择靠近水源，生物资源丰富、地理条件稳定的地方建设，比如河姆渡遗址、半坡遗址以及仰韶文化后期聚落。在技术条件落后、生产力低下的时期，乡村聚居最注重的自然是与生存相关的生产生活与避灾。有研究利用 GIS 等技术手段得出在史前社会，聚居地因水源和交通而趋近于河流，同时聚落等级越高，距离水源越近，交通越便利，而在兼顾生活和交通方便性时，亦可能考虑有洪水时的安全性，其聚居地点的高程为不高不低，既能享受便利，又能避开灾害[18]。

其他研究也认为早期聚落的发展较大程度上受水运系统及地质地貌的影响[19]。因此，聚落沿道路与河流集聚分布的趋向十分明显，聚居地址空间与河流和地形条件息息相关，就如有研究认为随着与河流距离的增加，聚落数量会减少，地形等自然条件决定了乡村聚居的总体空间格局[20]。有学者分析了不同尺度下叶尔羌河流域乡村聚落的空间分布格局，亦认为独特的自然地理环境塑造出不同的景观格局，对于聚落的空间塑造尤其关键[21]。影响乡村聚居空间结构形态的影响因素有很多，但是自然地理因素对农村空间布局、区位等影响较为重要[22]。

而基于气候条件对乡村聚居发展依然具有很强的影响，研究认为气候变化对聚落演变影响显著，聚落形成对气候变化的响应明显[23]。在"胡焕庸线"的研究中也认为是气候因素影响了中国人口聚居的分布，而在现阶段气候对乡村聚居的发展依然重要，不过主要是表现在气候移民现象[24]。还有一些山区农村为了开发自身气候优势，开始发展避暑地产，改变了乡村聚居的性质及空间格局（图2-3）。

图2-3　万州区某村镇以避暑地产为核心的乡村建设

在乡村聚居的发展历程中，自然灾害也是重要影响因素之一。有研究对"走西口"历史沿线农耕聚落发展进行了分析，认为其是晋、陕地区人地矛盾和自然灾害频发的压力下形成的[25]。亦有研究认为水患严重是导致松口古镇由繁荣走向衰落的主要原因之一[26]。但自然灾害对乡村聚居的影响随着社会的发展趋于次要，汶川地震灾后重建就是一个明显的案例，在地质结构仍有较大地震危险时，依托社会、政治力量依然在很短的时间内重建完成。

在地理自然要素中，在现阶段的发展中，地形要素主要结合交通条件对乡村聚居的发展制约产生了新的影响力。比如有人认为乡村居民点分布趋向于沿河道分布的线状和沿水库分布的环形格局，因此地形要素、交通要素、农业生产要素综合影响了乡村聚居点的布局[27]。当然，也有意见不同的研究，认为乡村聚居区位选择影响因子的重要性依次为交通便利程度、自然方位、周边环境和距离农田的远近，但是在农户选择新宅区位的过程中对"农业生产便利性"的考虑程度，无论是"旧居住地的排斥力"，还是"现居住地的吸引力"，都相对较低[28]。传统村落在历史演变中均是长期受地理环境影响而变迁发展，但是在现阶段其发展动力又有其自身的特殊性，有研究通过对传统聚落发展变化的适应性分析，认为现阶段传统村落生长与演变取决于其是否能对交通环境进行社会再适应[29]。

以此可以看出，地理自然要素主要由地质地形、气候条件、自然灾害组成，其中地理自然要素在社会的发展中影响已经不是决定性因素，除了地形条件结合交通要素依然对乡村聚居发展产生极大的影响，其他要素的影响力均呈现不同程度的下降。

2. 民俗文化要素

中国文化源于乡村聚落的发展，乡村的文化演变发展是个复杂而多变的变迁进程。近年来，乡村的传统文化被城市文化冲击得较大，现在可以真正影响乡村聚居发展的民俗文化或许也只存在于历史文化村镇或传统村落里。但是不可否认传统民俗文化在历史上对乡村聚居的影响。其中，中国的风水文化应当对乡村聚居的选址及发展具有最大的影响力 [30]，其次是宗法礼制 [31]。在宗教方面，也有人认为村庙信仰对乡村的演变具有重要意义 [32]，在一些少数民族影响更为强烈。其他也有一些研究对古村落演变机理作了一些研究，也均认为风水、宗法礼制、民俗习惯、宗教信仰在文化方面是主要的驱动要素。

施坚雅认为乡村是生活在一个自给自足的社会中，那么这个社会不是村庄而是集市（基层市场社区），影响农民的实际社会区域的边界不是由他所住村庄的狭窄的地理范围决定，而是由村庄互相之间的集市文化边界决定，从而形成了基层市场社区，乡村居民基本上在这个社区内完成了他要完成的所有活动，在这以集市文化为核心的市场社区中（图 2-4），区域内的人们形成了一个共同体 [10]。施坚雅的研究主要核心理论虽然是认为市场决定了乡村聚居发展的实际边界，但是在乡村聚居的过程中集市只是在乡村政治中血缘和地缘关系的一种演进，亦是一种乡村集市文化。因此，本书认为

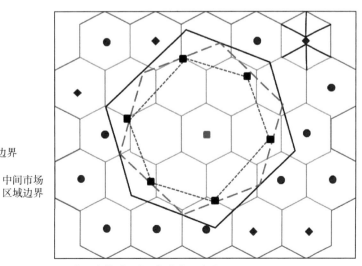

村庄
基层集镇
中间集镇
各种其他集镇
—— 基层市场区域边界
—— 理论可能性
–– 模型A   ⎫ 中间市场
···· 模型B   ⎬ 区域边界

图 2-4　施坚雅的"六边形"集市理论图示

其属于民俗文化要素，而不是现代经济中的产业要素。乡村聚居空间形态的演变虽然主要受市场经济影响，但是对于聚落内部演化来说，有研究认为乡村社会文化的变迁、农民思想观念的转变，是影响古聚落形态演变的主要内部动因[33]。有学者对景德镇瓷业聚落景观演变从唐朝到近现代进行了时间序列分析，认为人文驱动因子对形成独具特色的景德镇瓷业景观如里弄和会馆起决定作用[34]。

关于民俗文化对乡村聚居的发展影响研究最为深刻和系统的莫过于费孝通先生的研究。其在《乡土中国》分析了文字文化、家族关系、礼治秩序、长老统治、血缘和地缘关系对中国长期以来乡村聚居格局的产生与发展的影响。认为家族在中国乡土社会是个事业社会，其维持了乡村聚居发展的最基本的秩序，通过礼治秩序、长老统治维持了家族外的农村秩序，血缘与地缘关系则奠定了身份社会向契约社会转变的基础。不过，他认为礼治、血缘等乡土社会所具备的特殊性质，在传统社会应付生活问题是没有问题的，但是在一个变迁很快的社会，传统的效力是无法保证的[8]。总的来说，民俗文化的影响力亦趋于减弱。

2.2.2　新型动力要素的影响逐渐增强

本书讨论新型驱动要素主要是指在上文中乡村聚居发展第三历史阶段来讲，比如工业化伴随着城镇化、基础设施更新、人本思想发展等各种新出现的要素。而也由于是中国新出现的驱动要素，已有的研究的深度和广度都处于完善过程中。所以，本书将现有研究文献主要分为了以下三个方面。

1. 影响力强势的工业化与城镇化要素

由于中国仍处于一个快速城镇化的阶段，中国现有约 14 亿人口，城镇人口增加绝大部分是乡村人口涌入而导致，所以城镇化水平每提高 1 个百分点，意味着约有 700 万乡村居民向城市转移，乡村聚居也因此可以在很短的时间内发生天翻地覆的变化。国内研究多认为城镇化对乡村聚居的发展影响较为强烈，所以从城镇化发展的角度研究乡村聚居的发展动力是国内现阶段最重要的研究方向之一。现有国内研究范围颇为广泛，研究论点与研究方法也浩如繁星，总体上体现为对影响乡村聚居发展动力主要因素的讨论。在中国现阶段，城镇化往往伴随着工业化的发展，在城市动力学中，也往往认为城镇化的第一动力是工业化。城镇化要素针对乡村聚居发展的影响主要是基于乡村自身的推力与城市的拉力，而工业化往往决定着城镇化的发展，同时也对农村的发展产生作用，所以将城镇化与工业化要素的影响力综合来分析（图 2-5）。

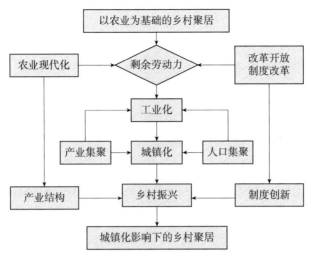

图 2-5 工业化、城镇化对乡村聚居的影响

很多研究认为现阶段乡村聚居的主要动力集中在乡村产业经济上，认为农村城镇化水平滞后的主要原因是经济社会发展水平低下，促进产业结构升级是推动乡村城镇化发展的动力基础，基础设施完善程度是乡村城镇化发展的重要基础。也有学者认为，工业化及非农化经济产业的发展对农村城镇化发展影响不明显，社会发展因素才是乡村聚居城镇化的主要动力[35]。不过主要理论趋势的观点认为经济的发展尤其是乡镇企业促进了乡村聚居的城镇化发展[36]。

乡村聚居的发展直接推动城镇化的发展，城镇的发展对农村的发展也有拉动作用。乡村的发展不能完全寄托于外部的拉力，而需要从乡村内部寻找自己发展的动力，如乡村企业等[37]。由于中国民族文化众多、地理环境复杂，即使处于同一时代，城镇化进程中不同类型的村镇其发展动力机制及程度也不尽相同，我国乡村形成了土地开发驱动型、乡村旅游发展型、市场开发带动型、现代农业园区型、移民建镇建村型、城镇发展带动型等发展模式[38]。因中国快速的城镇化导致了很多特殊的乡村聚居区域，如安置区、城中村、空心村、非农业村和农业村，归纳这五种典型状况分析城郊农村的演变模式特点与存在问题有利于了解现阶段乡村聚居发展受到城镇化的影响。农户居住需求增长与农业生产规模扩大是村庄扩展的内部动力，乡村环境与城市的巨大反差是村庄用地向外扩展的外部动力，农户收入增长、土地规划缺失与管理缺位，正反方面作用力相互作用，共同驱动村庄发展[39]。

在中国快速城镇化的进程中，工业化及城镇化对乡村聚居的影响越来越大。城镇化过程中由于中国特殊的城乡二元制度制约，城乡差距一直很大，并且越来越大，城市的拉力也越来越大。有研究认为是由于快速城镇化中的产业集聚导致[40]。龙花楼教授也同意其看法，认为不同的村镇发展有着不同的模式，但是决定其发展模式的关键是其产业类型，也就是说工业化决定了乡村聚居的发展模式[41]。Wei 也认为首先是国内改革开放引起的快速城镇化和工业化，然后改变乡村整体风貌景观，并更新了大量的乡村民居住房，以及土地从农业用地向非农业用地的转换，从而彻底改变了乡村聚居的发展形势[42]。影响现代乡村聚居变化的主要动力为城镇化进程中乡村工业经济的兴起与基础设施的完善[43]。城镇化的影响无所不至，甚至乡村聚居点的增减都与其城镇的距离相关[44]。

城镇化及工业化对乡村聚居的影响虽然是间接的，但反而是最大的影响因素。因为城镇化的发展伴随的是一个社会、经济的发展，整个社会、经济、文化以及人的思想都随之改变，比如"新农村建设"是一个外生驱动内生的过程，即通过城市化析离、置换出大量的农村人口，同时重新整合乡村的人地关系[45]。

因此，虽然有学者认为在新农村建设时期，乡村劳动力流动能够在一定程度上促进村庄的发展[46]，但是乡村常住人口逐渐减少，乡村民居空置率高升，人地关系发生巨大变化，逐步发展为成片废弃村域，甚至整村闲置，产生了乡村聚居大规模的"空心化"现象（图2-6）。有学者认为空心村是城镇化开始后，社会经济文化发展到一定阶段的历史产物，每一个空心村发展演化阶段将对应一定的社会经济发展水平，空心村的形成和演化与不同区域城镇化发展、乡村人口变化及就业的空间动态密切相关[47]。也有学者认为村庄空心化由经济发展、土地改革、家庭组织关系瓦解、市场化、城镇化、传统观念变革、计划生育约束等方面综合驱动[48]。

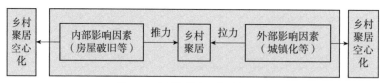

图2-6　乡村聚居空心化演化机制

2. 作用关键的基础设施要素

受限于改革开放以前中国乡村与城镇的公共交通基础设施普遍缺乏的情况，且工业化程度低下，乡村聚居成散点布局，基础设施对乡村聚居影响特征不明显。在改革开放以后，基础设施对乡村聚居的影响开始逐渐加大。如图2-7所示，重庆市在直辖之后，乡村固定资产投资虽然在增长，但是增长率远远低于城镇的固定资产投资，因此城乡差距逐渐拉大，乡村发展愈加受限制。从城镇化的角度，"新型人地关系因素"如电力、交通等基础设施发展将会成为未来乡村聚居发展的主要驱动因子[49]。在城镇化的大趋势下，基础设施的完善肯定影响现代乡村空间结构变化。

交通设施在基础设施中是一个至关重要的因子，因为交通设施如道路，可以单独地直接影响乡村聚居的分布、规模、数量、景观等方面。有学者详细分析了交通在不同的村镇的影响力，并提出交通运输部门在中国乡村聚居的发展中起了

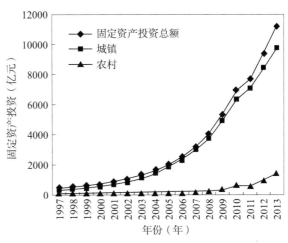

图 2-7　重庆市农村与城镇固定资产投资（1997—2013 年）

一个至关重要的角色[50]。其中，有学者认为乡村居民点的分布趋向于向交通干道附近扩展的趋势[27]；也有学者发现到国道的距离与乡村居民点规模增长率呈负相关[51]；亦有学者认为乡村居民点景观格局受道路设施影响，邻近道路的乡村聚居点以原地外延扩张为主，距离道路较远的乡村聚居点以分裂扩张为主[52]；也有调查认为因住房安全性、便利性因素影响，乡村居民点呈现出向临近公路区域聚集的趋势[53]。而周国华等学者对交通基础设施的影响作出了预测，提出"新型人地关系因素"如电力、交通等将会成为未来乡村聚居的主要驱动因子[54]。

3. 愈加重要的个体意愿要素

中国自古以来一直是一个集体社会，受限于社会制度与文化思维，个体行为与思想的作用一直不受到重视。得益于中国政府的改革开放和社会文明发展，在近些年，居民个体的发展意愿在乡村聚居发展中的影响力越来越大。与此同时，在中国越来越多的研究也将重点移向了对居民个体意愿影响力的调查及研究（图 2-8），本书后续将

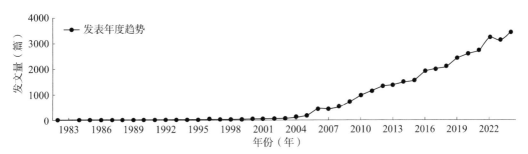

图 2-8　CNKI 的农村领域中研究个体意愿的论文数量

详细地综述个人意愿的研究，在此主要总结以下三个方面，乡村居民生活方面、人口流动方面、乡村政治方面。

在乡村居民生活方面，有学者认为农村户主在外务工时间以及家庭人口规模显著影响居民点规模变化[55]。有研究认为户主文化程度、在外打工时间、法规了解程度、交通设施与农户宅基地面积呈正相关，呈负向影响作用的因素有自然灾害、经济条件和户主年龄[56]。

在乡村聚居中人口流动方面，由于城乡二元体制的存在，城市与乡村的整体环境差距巨大。但因改革开放以来，越来越多的市场经济要素参与到城镇化发展中，乡村居民的个人意愿得以解放，"用脚投票"理论亦同样适用于乡村居民的选择。使得中国乡村近些年来出现了较大的人口流动，从而影响到了乡村聚居的发展。在新农村建设时期（乡村振兴初期），农村劳动力流动能够在一定程度上促进村庄的发展[57]。但是大量乡村聚居点受到经济、自然、社会文化及制度与管理的影响，劳动力大量流动，普遍存在着"空心化"现象[47]。有学者运用农户居住迁移行为的 Logistic 模型分析发现，家庭结构、耕地规模、市场和交通区位等因素对劳动力流动有不同的影响[58]。

在乡村政治方面，有文章提出乡村个人的意愿也影响到了村干部的选举，同时研究认为选举出的干部会为自己的村镇争取到更好的公共利益，进而影响到了整个村镇的发展[59]。有学者在一个成功的城中村改造案例中发现，现在的中国政府越来越倾向于新自由主义的管理模式，在乡村更新中乡村居民的个体意愿得到了保护和实现，最终的成果就是乡村居民的个人意愿与市场博弈的结果，政府的职责在此仅仅是负责引导和管理[60]。还有研究对精英个体在乡村发展动力中的影响进行了分析，认为乡村精英对民族地区乡村建设具有极强的推动作用[61]。有部分超级村庄的出现是乡村社会内部力量发展的结果，是村庄集体和个人领袖对其的推动[62]。

随着社会越来越开放，乡村居民的思想亦愈加进步，作为乡村聚居的实施主体，同时也作为其他要素影响乡村聚居发展的承载体，其行为意识对乡村聚居发展的作用越来越重要。

2.2.3　特殊动力要素的影响依旧强大

在中国"自上而下"的规划体系下，无论是城镇化建设还是乡村聚居建设，制度与政策的影响是至关重要的。国内针对制度与政策方面的研究多于主观的评价，鲜有基于数据的分析。但基本所有的研究均认为，政府政策对乡村聚居的变化具有极大的影响力。有学者将中国分为中央政府的制度、政策与地方政府的行为、政策。

　　关于国家政策方面，有国外学者提出了乡村工业化主要受政府政策引导[63]。在特定的历史发展阶段，城乡发展二元机制制约了乡村聚居的发展[64]。户籍制度改革的时效性并不是绝对的，乡村家庭向城市举家迁移受到城乡二元分割状态的影响，农村土地制度对当地居民家庭收入的保障作用依然明显，家庭主动或被动地将土地作为家庭固有财产的一部分，在一段时期内要求进城需要交出农村集体土地增加了举家迁移的成本[65]。中国的土地政策也是影响乡村发展的重要因素，有学者认为"增减挂钩""两分两换""农村住房制度改革"等相关政策使得乡村聚落空间正在经历着巨变[66]。有研究提出社会主义新农村建设阶段的动力主要来自于农村土地产权变革[67]。不同的土地性质中工业发展的效益不同，农村的集中土地比城市的国有土地要差很多，所以也直接地影响了农村的土地集中与居住集中，因为只有将乡村的土地集中起来才能促进乡村聚居的科学发展[68]。国家经济政策的改变会直接引导乡村居住形式的改变[69]。还有研究认为其地区区域因素和行政区划对乡村聚居地区空间结构演变有重要影响[70]。

　　多数研究认为中央政府的影响是正面的，而关于地方政府的影响却有一些负面。在政府行为及政策方面，地方政府的角色至关重要，尤其是处理集中居住过程中土地的集中方面和基础设施建设方面[71]。地方政府在推行农村建设土地政策时，有追求自身利益最大化的倾向，地方政府官员对改变乡村聚居发展趋势具有强烈的政治驱动力，主要包括：权力、晋升、政绩和公共声誉等[72]。有研究发现行政力量主导下的村庄合并从一定程度上破坏了乡村社会传统的自生秩序，加上中央政府与地方政府在推行这一政策时存在明显的"动力差"，故这一政策在实现国家对基层社会整合的效能方面发挥作用是有限度的[73]。有研究将居住形态变化的动因最终归结到地方政府城市规划管理在实践行为中的变革[74]，社会主义新农村建设的动力机制中地方政府的政治动力机制是主导[75]。

　　不过有的学者认为，现有的很多地方政策都不利于乡村聚居的合理发展，如有观点认为地方政府缺乏真正的动力机制，原因是地方政府的自利性和受社会强势群体支配[76]。还有一些村镇存在着人口空心化，居住人口越来越少，但其村的居住面积居然不降反增，原因就是地方政府规定：拆迁费用与村民的住房建筑面积挂钩，也就是说，房屋面积越大赔偿越多，刺激村民进行了不合理的大量加建，从而导致了现有乡村聚居的奇怪变化[77]。

2.3　研究现状总结与展望

　　为了乡村聚居的科学发展，需进行科学的发展规划，需要对发展的内在动力机制、规律及科学内涵有正确的认知，所以研究乡村聚居发展的动力机制则至关重要。但是受限于中国国情，关于乡村的研究相对于城市及城市规划并不全面。近些年，快速城镇化导致乡村社会、经济、环境问题颇为严重，中央也不断出台乡村振兴、新型城镇化政策，乡村聚居发展的相关理论研究亦呈现出爆发趋势。受本书主要研究时空范围所限，近些年的乡村振兴发展不在本书内容之中。

本书总结传统驱动要素包含气候、地理条件、民俗文化、历史因素，其中除地形要素以外，其他传统要素对乡村聚居的影响力随时间的推移明显逐渐减弱；地形要素虽然不能主导乡村聚居的发展，但是依旧是重要的要素。新型驱动要素包含城镇化、工业化、交通条件、基础设施条件、经济条件、个人意愿等，其中城镇化、工业化的发展极大地推动了乡村聚居的发展变化，且随着时间的推移，近年来城镇化的影响力逐渐增强；交通基础设施因素在乡村聚居发展格局中一直占据着重要角色，与地形因子结合起来在特殊的地区决定着乡村聚居的发展；农户个体行为及意愿在乡村聚居的演变中逐渐由被动走向主导。中国特殊驱动因素主要是指政府政策及行为影响，其中国家政策对于乡村聚居的引导作用依旧强大，但地方政府的行为却决定着当地乡村聚居的发展；土地制度、户籍政策使得很多乡村聚居产生了不同的发展轨迹，形成城中村、空心村等。

在中国，乡村聚居的发展是一个复杂的社会现象，任何一个因素都可能成为影响其变化的动力，而且往往很多因素又相互关联、相互影响。比如，科技单一因素发展就会直接地影响乡村发展[78]，而有的研究发现，城镇化因素与个人意愿因素相互作用会有更大的影响力，如不常在农村中居住的农村外出打工者却往往改变了乡村聚居的风貌、生活方式等。因为外出打工者将在外挣到的钱和学到的新的居住方式都体现在了其家乡的住宅上[69]。还有最值得提出的是，国家政策与其他要素的关系。比如，改革开放加快了城镇化、工业化进程，促使了个人意愿的体现，催化了其他新兴驱动要素的出现。总体而言，中国乡村聚居的发展主要同时受到三种驱动因素的影响。其中，新兴的驱动要素对乡村聚居的发展最为直接、重要，特殊驱动要素相当于打开新兴驱动要素的钥匙，传统驱动要素的影响则在逐渐减弱。可以认为三种驱动要素相互作用，相互影响，共同形成了当代中国乡村聚居的动力机制。

在方法上，国内研究在改革开放后才逐渐丰富起来。从宏观理论上的分析动力机制，如马克思主义社会发展动力机制理论[79]，到依据社会学调查方法分析，如费孝通对小城镇的研究[80]；从单一社会统计数据研究，如中国农村 GDP（生产总值）的研究[81]，发展到现在的大数据分析方法，如运用空间计量分析方法分析多要素、多地区城市对农村的拉动力[40]；从单一学科的研究发展到多学科交叉分析，如地理学、经济学协同分析[82]。

技术上，得益于信息化技术的突破以及计算机计算能力的发展，取得了较大的突破。尤其是有学者研究利用了 RS、GIS、GPS、空间计量经济学分析等新型先进的统计分析方法 [49, 82~84]，为研究城镇化影响下乡村聚居发展动力机制这种复杂的、多要素协同发展的社会问题提供了一种可行的、科学的研究手段，具有重要学术意义。

内容上，得益于改革开放后市场经济带来的思想解放，主要增加了对个人在社会发展中的影响力研究和中国政府政策对农村影响变化的研究。如对农民个体意愿在乡村发展中的影响进行了不少研究 [85]，对政府政策在乡村发展中充当的角色及影响进行了研究。

随着改革开放的不断深入，人们的观念在逐渐变化，新兴事物亦不断出现，使得乡村聚居发展动力要素亦趋于丰富、繁多，使动力机制更为复杂和难以研究。同时，受到快速城镇化的影响，乡村聚居依然在发生着剧烈的变化，所以根据中国的现实国情，只能边实践边研究，这也增加了研究难度。由于得益于技术和分析方法的不断突破，全面系统性的研究虽然耗时费力，但在技术理论上依然可行。本书即是在确立乡村发展动力要素构成的体系框架条件下，运用交叉学科理论，构建微观、中观、宏观动力机制，并试图构成完整的、系统的乡村聚居发展动力机制，为乡村振兴发展规划提供一种准确的科学参考依据，并指导中国乡村聚居更加健康可持续发展。

2.4　本书命题与框架的提出

国内乡村聚居具有其历史独特性，既不同于历史上的乡村聚落，也不相同于国外大范围的城市化。乡村聚居的发展跟随着城镇化也发生着剧烈变化，处于未完成状态，国内对乡村聚居发展动力的研究刚刚起步，无法像国外对城镇化的研究一样全面和系统，也更缺乏以乡村发展为主体的发展模型。

本书核心命题为构建乡村聚居发展动力机制。现有研究的方法和内容已有一些，如有研究从外部驱动力（国家战略、区域定位、地理条件等）、内部驱动力（住宅面积因素、人口数量、收入、房屋质量等）构建乡村动力机制 [86]，有研究从推力系统（利益动力、产业动力、制度动力）和阻力系统（制度动力、农民的排斥力）构建乡村发展动力机制 [87]，也有分散式地从经济、人口、技术、政策、社会动力因子构成的研究 [88]。在上述小节中，关于动力要素的研究也更是数不胜数。本书认为使用外部与内部分析，阻力与动力分析，及各类动力要素交叉分析等无法准确地为现实中乡村发展规划实践提供直接指导及规划对策。因此，本书将传统动力要素、新型动力要素、特殊动力要素进行总结后分散拆解，从规划视角提出从宏观、中观、微观层面研究乡村聚居发展动力机制，初步提出本书乡村聚居发展动力机制研究框架，如图 2-9 所示。

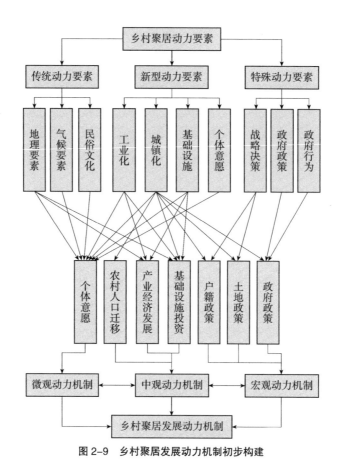

图2-9　乡村聚居发展动力机制初步构建

2.5　本章小结

本章在分析中国乡村聚居发展现状的基础上，对现有研究中关于乡村聚居发展动力要素进行了归类总结，然后在对国内乡村聚居发展动力机制研究现状的基础上，将研究文献中的发展动力要素分解，初步构建乡村聚居发展动力机制研究框架。具体如下：

首先，依据历史发展变化及近现代史将中国乡村聚居的发展，分为了七个历史时期，并结合农村生产力变化和新中国成立以来中国农村发展提炼为三个发展阶段：传统自然地理条件主导阶段（1949年以前）；国家政策主导阶段（1949—1978年）；城镇化与国家政策因素共同主导时期（1979年至今）。

其次，在不同的发展阶段的基础上进行乡村聚居发展动力要素分析，通过对现有研究文献的研究思考，将影响乡村聚居发展的动力要素分为传统动力要素、新型动力要素、特殊动力要素。其中，传统动力要素包括地形、气候、民俗、文化等方面，新型动力要素有工业化、城镇化、基础设施建设、个人意愿，特殊动力要素有国家制度/政策、地方政府政策，并对各要素特点进行了总结。

再者，对我国乡村聚居发展动力机制研究现状从研究内容、研究成果、研究观点、研究述评进行了总结分析，认为在确立乡村发展动力要素构成的体系框架条件下，运用交叉学科理论，进行完整的、系统的乡村聚居发展动力机制研究是可行的。

最后，提出了以宏观、中观、微观三个层次构成的研究命题——乡村聚居发展动力机制，将传统动力要素、新型动力要素、特殊动力要素分散拆解，初步构建了本书乡村聚居发展动力机制研究框架。

3

研究设计与理论建构

3.1   整体思路

本书主要遵循文献研究与实证研究的研究思路，首先对一般社会现象进行阐释，总结现有乡村聚居发展研究理论现状及基础，进而从理论上初步构建研究命题，然后通过实证研究由表及里揭示其内在的原因和机制，即回答"是什么"和"为什么"的问题。因此，本书的整体思路如下：

首先，进行文献综述并提出研究命题，从人类聚居的定义得出聚居分为城市聚居与乡村聚居（道氏理论），推导所有的聚居直接表象和衡量标准就是人口的变化，而且城镇化的直接表象和衡量标准也是人口的变化。城镇化的表象就是农村人口向城区的迁移，因此将城镇化作为乡村聚居发展的反向作用力，并借助现有成果提出本书命题，即乡村聚居发展动力机制主要是影响乡村人口流动的因素相互影响作用机制。

其次，在提出研究命题之后，通过动力机制的逻辑，基于以农户为角度的微观理论基础、以人口迁移为核心的中观理论基础、以政府政策为核心的宏观理论基础构建了理论框架。

再次，在理论研究的基础上，以重庆市为例进行实证研究。将乡村聚居发展动力机制分为了三个部分：微观、中观、宏观，以理论研究与计量分析相结合的方法进行实证分析，以找寻影响现阶段乡村人口变化的因素，并分析这些因素对人口空间分布的影响。研究显示，在微观层次，乡村居民的个人迁居意愿是直接动因。进而，继续运用空间分析与计量方法针对人口、产业、基础设施建设动力要素深入探讨其空间相关情况及其背后的影响因素如政策等，正是这些动力要素推动了产业集聚的发展，进一步引发了人口的迁移，因此其也是影响人口空间分布的深层根源。由此，本书就把导致乡村聚居发展人口空间分布变化的中观层次与宏观层次一并挖掘，从而推导出乡村聚居发展的最终驱动力，构成完整的动力机制系统。

最后，在乡村聚居发展动力机制理论与实证分析的基础上，初步提出乡村聚居发展规划建议。

3.2   构建逻辑

3.2.1   以乡村居民迁居意愿分析构建微观动力机制的缘由

从城镇化的角度看，现阶段乡村聚居的发展已经不同于古代，也不同于计划经济时代。在社会经济一体化的趋势中，信息技术的不断突破，打破了以前信息桎梏的枷锁。在中国城镇化进程中，乡村居民是乡村聚居的实施主体，同时也是城镇化人口迁移的参与主体，乡村居民个人的迁居意愿直接影响中国城镇化的进程和方向，关系到城镇化的速度、规模和效果[89]，作为城镇聚居的相反方向，乡村居民的迁居意愿自然也直接决定着未来乡村聚居的发展趋势。

从乡村聚居发展的角度看，乡村居民选择是否迁移的问题不仅仅局限于城乡二元经济差距、户籍政策、政府行为、工业化等客观因素，也与自身的精神、生活方式等主观因素息息相关。随着中国经济社会的发展，人文思想也在繁荣前行，以人为本不仅仅是一个口号。"'十一五'规划纲要建议"后，农村集中居住政策的推行，鼓励将农民的房屋拆除，并统一规划新村集中居住，且将农村社区化、"就地城镇化"。虽然客观上改善了乡村的基础设施，改善了乡村居民的居住条件，但是在主观上并不是所有的乡村居民都愿意住进楼房，也不是所有乡村居民都有能力住进楼房，亦不是所有的乡村居民都愿意放弃原来的生活方式与邻里社会关系。以"市民化"为核心的新型城镇化战略转型背景下，乡村居民的迁居意愿及其行为决策将成为影响新时期中国乡村聚居发展趋势的动力机制。

从迁居意愿与迁居行为的区别来看，迁居意愿是一个不可控变量，需要朴素的实地现场调研和科学的研究设计才能对其影响因素进行合理测量。从根本上说，迁居意愿是一种对人类迁居的心理抉择的过程，是一项精神指标。它是人们在实施迁居过程前，在各种影响要素作用的积累下，一种累加的、精神的、心理的应激反应。迁居行为则是人们在考虑了各种因素后主观决策认为迁居更符合其物质或心理要求而产生的一种动作行为。本书中选择迁居意愿而不选择迁居行为作为研究对象的原因如下：第一，迁居行为是已经完成或正在完成的动作，只能代表过去的迁居意愿与各因素影响结果，无法为将来的乡村聚居发展作出预测。第二，迁居意愿中想迁居虽然不代表肯定会迁居，但它代表着人们心理的预期，在不断地发展、努力下，一旦达到了其迁居必要性就会实施迁居行为。即使其由于资金、年龄等各种问题无法迁居，但其意愿仍然会保留甚至会影响下一代的思维方式，最终会影响未来乡村聚居的发展趋势。第三，迁居意愿中不想迁居则代表着除非外力影响（因政策或其他原因搬迁），其意愿会直接成为乡村聚居行为，从而代表着乡村聚居的发展趋势（图3-1）。

综上所述，本书中将乡村居民迁居意愿作为乡村聚居发展微观动力机制的组成内

图3-1　迁居意愿与迁居行为的不同

容是具有时代背景和现实意义的，且乡村聚居迁居意愿代表着乡村聚居的发展趋势。

3.2.2　以县域空间农村人口迁移分析构建中观动力机制的缘由

在本书概念认知分析中可以看出，乡村聚居在本质上与城镇聚居是一样的，都是人口在一定的空间上聚集，一起生活、工作等。在此处，本书选用农村人口而不是乡村人口是受统计口径影响。在城镇化的发展过程中，农村人口与城镇人口的变化都是互相关联、互相作用的。正如林毅夫认为的，"人口从农村向城市流动，从农业向制造业流动，再从制造业向服务业流动。这个现代经济发展的结构变迁过程是技术创新的过程，产业升级的过程，也是人口城镇化的过程"[90]。城镇化作为城镇聚居发展的代言词，影响着农村人口迁移，从而影响着乡村聚居的发展。因此，研究乡村与城镇间的人口迁移对于研究乡村聚居的发展动力机制非常关键。

中国城镇化经过近半个世纪的发展，特别是改革开放以来的快速发展，城市与乡村的发展差距扩大。现阶段乡村聚居仍然处于中国快速城镇化的进程中，与城市聚居（城镇化）的繁荣发展相反，出现了大量的乡村居民迁入城市从而演变出空心化现象。城镇化对乡村聚居发展的影响远大于乡村聚居对自身的影响。但乡村聚居是一个复杂的社会事物，在发展轨迹上具有空间、时间上的关联性。如前所述，乡村聚居本质上是一个公民聚居生活在乡村的问题，与城市聚居没有本质上的不同。根据相关理论，城市人口的高增长率来源于高迁移率，意指人口从乡村迁向城市的高迁移率，以此提高了城市的城镇化率[91, 92]。在中国，城镇的人口发展与农村人口的变化有绝对的相关关系，如图 3-2 所示，改革开放后，农村人口增长率曲线基本与城市人口增长率曲线

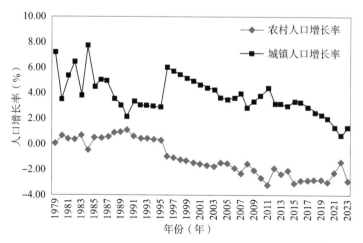

图 3-2　1979 年至 2013 年农村人口与城市人口增长率对比图

呈现完全吻合的反向关系，因此可以看出，在中国现阶段，农村人口的变化伴随着城镇化的过程，城镇化是影响农村人口的最主要因素。

乡村聚居发展受到了城镇化极大的影响，同时，城镇化率通过在中国统计口径中关于人口明显地划分城镇人口与农村人口的数据计算得出。综上所述，可以认为乡村聚居发展动力机制在中观层次上的表现即为城镇化因素对农村人口流动的影响，因此本书将通过县域空间农村人口迁移分析完成乡村聚居中观动力机制研究。

3.2.3　以户籍、土地制度与农村政策分析构建宏观动力机制的缘由

从国情来看，中国乡村长期处于一个较为稳定但贫穷的低发展态势。在 1970 年代末，改革开放后，中国经济得到明显改善，乡村发展环境产生剧烈变化。正如林毅夫所认为的，中国农业发展与农业制度改革呈现正相关关系等[93]。可以看出，在中国渐进式改革的进程中，政府政策依然会强烈地影响着中国乡村聚居的发展。乡村聚居的社会属性、政府政策，对乡村聚居的影响是极其复杂而又方方面面的，更难以进行直接评价。比如 1994 年的分税制改革影响了乡镇的财政格局，从而会间接地影响乡村聚居的发展格局等[94]。详细而又全面的论述超出了本书的核心问题，结合城乡互动研究，本节选择户籍政策、土地政策两个主要构成城乡二元发展成因的政策，对乡村聚居发展的影响进行分析。

制度带有根本性、全局性、稳定性和长期性，政策则是在现有的制度下进行的政府行为，但广义政策又有所不同。为了方便理解，在本书中均统称政府政策。在中国乡村聚居发展的过程中首先受到的是国家的各项制度的总体控制，而政府政策的影响力亦是有力。比如新农村建设政策就改变了中国很多乡村面貌，乡村振兴战略又带动了一大批乡村发展。

政府政策具有一定的宏观性，引导和约束了乡村聚居发展的整体方向和趋势，因此，本书认为由户籍政策、土地政策和其他乡村政策共同构成了乡村聚居发展动力机制的宏观层次动力机制。

3.3　理论建构

3.3.1　以乡村居民个体角度为核心的微观理论基础

1. 农户地理论

农户地理论是由我国李小建教授在其《农户地理论》书中所命题，不同于一般经

济地理学和区域经济学的视角，主要阐述了农村发展的主体 – 农户各种活动的空间区位及空间结构等，以下内容皆来源于李小建教授书中理论[95]。

农户地理主要研究乡村居民空间结构及其与地理环境的关系，即通过农户活动的空间侧面来分析农户与地理环境的相互作用关系。农户活动的空间研究被其限定在农户个体和农户群体两个层面。农村家庭个体活动的空间研究，主要通过农村家庭的生产、生活等方面进行分析。农村家庭群体作为乡村居民个体的组合，包括依靠亲情、血缘、经济等联系而成的农户群体组织，或自行组织的农民经济协会、合作社等一定区域的农户群体组织。李小建提出，农户群体活动的空间研究主要是在分析农村家庭活动的外部性与农村家庭博弈的基础上，研究农户群体的规模经济效应和农户经济组织的形成机理，进而研究农户群体行为与农区发展的关系（图 3-3）。

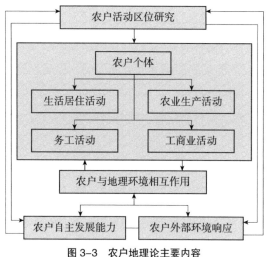

图 3-3　农户地理论主要内容

李小建教授通过大量样本调查分析，以其地理学家的地域空间内容相互作用的理念，提出农户活动的区位、空间结构与农户的自主发展能力、农户的外部响应能力密切相关。提出分析农户各种活动的空间集聚和分散、空间区位等特征，进行建模模拟、逻辑归纳等，认为农户自主发展能力是指农户在经济利益驱动下，利用现有发展机会和发展空间，追求目标时展示一系列的行为决策能力，它反映了农户家庭人员发挥自身主观能动性，主动利用周围自然、经济和社会环境的综合能力。农户的外部响应能力是指农户对影响和制约自身发展的外部性因素，条件反射作出的反应。一般认为，外部影响主要有城镇化、工业化、农业产业化、土地整理等。同时，农村自主发展能力和农户外部响应能力息息相关，自主发展能力，也就是主观能动性，决定了其对外在世界的反馈能力，即决定了外部的响应能力，而外部响应能力又反过来会影响其自主发展能力，如新建居民点的住宅形式与功能，乡村居民均希望可以摒弃老住宅的厨房、卫生间等不良设计，改为干净卫生的独立空间。

本书的研究中，主要借鉴农户地理理论中，乡村自主发展能力和农户外部响应能力的相关关系。其主要理论认为，无论是农户活动的空间结构还是农户的自主发展能力和外部响应能力，都要受农户所处的周边环境影响，同时他们也影响着周边环境的变化。因此，本书的研究主要以其为模板构建以乡村居民为角度的乡村聚居发展微观动力机制，从乡村居民自身状况和外部居住状况来分析动力机制的构成。

2. "用脚投票"理论

"用脚投票"，最早出现在美国经济学家查尔斯·蒂伯特（Charles Tiebout）的文章《一个关于地方支出的纯理论》中，也简称为"用脚投票"理论，意图解决公共物品的有效配置的问题，开启了公共经济学研究和地方公共物品相关关系的交叉研究。主要假设在流动人口不受限制、存在数量足够多的地方政府、各地方政府税收体制相同、辖区间无利益溢出现象、信息交流无障碍等假设条件下，各地方政府提供的公共产品和税负组合稍有不同，各地居民可以根据各地方政府提供的公共产品和税负的组合，来自由选择那些最能满足自己需求的地方定居[96]。"用脚投票"的重要性在中国越来越明显，很多研究中均沿用了"用脚投票"的理论和思维方式[97]。

在本书中，"用脚投票"理论是研究乡村聚居过程中，乡村居民迁居意愿的核心理论基础，就是说，乡村居民从不能满足生活需求的乡村地区迁出，迁入可以满足其生活需求的城镇地区居住，形象地来说就像用脚的实际行动来给乡村聚居和城镇聚居投票，它决定着农村与城市之间的协调发展与对乡村居民的综合影响。同时也是链接微观农户论与中观理论中县域空间农村人口迁移的核心，乡村居民能够作出决策、配置家庭资源并实施迁居行为，他们通过将内在结构组织化来强化内部规范，作出选择城市还是农村的决定，是目标明确的集体行为。

3.3.2　以城乡人口迁移与分布规律为核心的中观理论基础

1. 诺瑟姆城镇化曲线理论

美国地理学家雷 M. 诺瑟姆（Ray M.Northam）于 1979 年在英美等发达国家百余年城市人口占总人口的总比重的变化数据基础上进行了总结，发现世界各国城镇化发展的轨迹是一条稍微被拉平的 S 形曲线，如图 3-4 所示，形成了国际著名的诺瑟姆 S 形曲线理论[98]。此曲线理论在国外并没有引起太大反响，反而是在中国近些年的研究中出现的频率特别高，因为本曲线对国外大部分的国家，尤其是发达国家基本没有指导意义了。在发达国家，城镇化率基本上稳定在了 75% 以上，上下浮动非常小，而且在发达国家的发达城市也出现了一些逆城市化的现象。而此曲线对持续、快速发展的发展中国家，尤其是中国，是非常具有现实指导意义的。

结合后来的一些理论研究，该曲线理论主要认为城镇化是城市人口的聚集，而

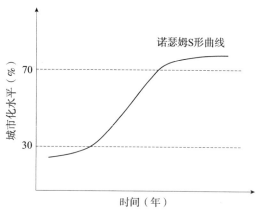

图3-4　城镇化进程的诺瑟姆 S 形曲线

且主要表现为人口从乡村地区向城市地区集聚。正如关于人口迁移理论中的迁移规律一样，城镇化进程中人口迁移主要有城市的拉力和农村的推力，两种力量同时作用[99]。

此曲线理论中，一般认为城镇化进程通常会经历三个阶段，即初级阶段、加速阶段、成熟阶段。如图 3-4 所示，①初级阶段（城镇化率低于 30%）。在此阶段，城镇化水平较低，发展速度也较慢。在这个水平上，农业占国民经济的主导地位，农村人口占绝对优势。②城镇化加速阶段（城市化率 30%~70%）。在城镇化加速阶段，人口快速向城市聚集，城镇化推进非常快。在此阶段，工业化基础逐步建立，经济实力快速增长，城市各项建设规模和速度明显提升，容纳了大量农村劳动力。③城镇化成熟阶段（70% 以上）。在此阶段，城市人口所占比重增长趋于平缓，甚至停滞。这是乡村的推力和城市的引力趋于疲软和平衡，甚至因为道路交通基础设施愈加发达而导致厌倦了城市生活的人前往小城镇生活，出现了逆城市化。

本书中，诺瑟姆曲线理论对于中观动力机制研究主要在于视角和命题核心的支持。表明了在现阶段的重庆亦处于快速城镇化的过程中，而城镇人口主要来自于农村劳动力的大量迁入。因此，在研究城镇化对乡村聚居人口的影响中，可以忽略各自自身的出生率问题，并且可以认为，城镇化中城镇人口的增减与农村人口的减增有直接的相关关系。

2. 城市经济学理论

城市经济学是一门以城市为研究对象的应用型经济学科。第二次世界大战后，城市经济学开始从区位经济学中分离开来，学者开始关注城市发展本身的相关问题，如城市化、城市土地规划、城市企业空间布局、城市交通运输和城市空间结构等。1965年美国的汤普森的《城市经济学导言》出版，这是第一本有别于其他经济学科的以城

市为研究主体的著作，代表着城市经济学学科的正式诞生。但它一经产生就体现出蓬勃的发展潜力，以及对城市发展的重要指导意义。城市经济学的内涵被综述为，运用经济学理论，融合城市规划、城市地理学、城市社会学等多学科研究方法，揭示城市经济的产生、发展的历史过程和运行规律；分析其中的生产关系、经济结构和要素组织；对主要的城市问题作出科学解释；并为相关城市问题的科学决策提供依据[100]。

在我国，城市经济学兴起于 1980 年代。谢文蕙与邓卫在《城市经济学》中，根据研究的对象、内容体系和研究方法的不同，将城市经济学划分为宏观城市经济学、微观城市经济学、其他专题研究。宏观城市经济学从总体上研究城市在整个国民经济发展中的地位和作用，提出将城镇化、经济区、城镇体系与中心城市纳入宏观城市经济研究部分，重点分析城市在社会主义体制下对整个国民经济、对周围区域的关系和作用，常采用总量分析的方法；微观城市经济学以城市内部的经济结构、经济政策和人口关系等为主要研究内容，重点研究城市中的经济发展变化体制。从城市经济学的发展脉络来看，它是在区位理论、市场理论、土地理论，以及经济学、区域经济学、城市地理学、花园城市理论等基础上发展起来的[101]。城市经济学作为从经济学分支出来与城市规划相结合的研究，定位于中观层次的研究。但包含了宏观城市经济部分，如城市化的普遍规律，也包含了微观城市经济部分，如城市人口就业、城市基础设施、城市土地利用等[102]。并且在相关研究中，提出了城市化的动力机制的三大动力：第一，农业发展是城镇化的初始动力；第二，工业化是城镇化的根本动力；第三，第三产业是城镇化的后续动力[100]。

本书中，城市经济学的理论主要为中观动力机制研究提供解释变量经济、固定资产投资要素选择的基础理论支撑。主要参考了其关于城市人口、经济与城市基础设施经济的部分理论。同时，城市经济学理论是中观层次乡村聚居发展动力机制的基础部分，并承担了微观到中观枢纽的重要作用。

3. "胡焕庸线"理论

用人口集聚和分散来研究我国整体人口的空间分布，是我国人口地理学的主要研究方法。最为经典且被多次实证证实的"胡焕庸线"，其主要理论是由胡焕庸先生根据中国人口分布密度，在 1935 年提出的"瑷珲—腾冲线"[103]。后被人称为"胡焕庸线"。其主要理论是指从黑龙江省瑷珲（1983 年改为黑河市）到云南省腾冲，地图上看，大致为倾斜了 45° 的直线。其中，在此线东南方向的中国土地上居住着 96% 的人口。胡焕庸线主要描述了我国人口的分布密度，在不同地区是不同的。

有关研究表示，在我国 1982、1990、2000 年，分别进行的第三次、第四次、第五次人口普查数据表明，经历了 65 年的时间，人口分布格局基本未变。第五次人口普查数据显示，东南、西北两部分的人口比例依然遵循胡焕庸线的规律，分别为 94.2% 和 5.8%[104]。

在本书中，"胡焕庸"理论证明在中国人口在空间上的分布是有规律的，是可以进行关于人口的空间计量分析的基础，是链接城市经济学理论与空间计量经济学之间的纽带，共同参与到本书县域空间的农村人口迁移分析中，共同组成乡村聚居发展中观动力机制的理论基础。

3.3.3　以制度影响分析为核心的宏观理论基础

1. 新制度经济学理论

新制度经济学（New institutional economics）是一个新兴的、侧重于交易成本的经济学研究领域。区别于较早的制度学派，新制度经济学在强调制度因素的同时，并没有否认演绎法及新古典理论的有用之处。新制度经济学的重要研究内容有制度、产权、国家、制度变迁等（表 3-1）。

新制度经济学理论构成　　　　　　　　　　　　　　　　　　　　表 3-1

主要理论构成	代表人物
产权理论	科斯、阿尔奇安、德姆塞茨
交易费用理论	科斯、阿尔奇安、张五常、德姆塞茨、詹森、麦克林、威廉姆森
制度变迁理论	诺斯
公共选择理论和法律与经济学	布坎南、奥尔森、图洛克、波斯纳

制度经济学家认为，技术革新虽然给经济增长注入了活力，但如果没有制度的创新和变迁，同通过一系列制度安排将其以成果稳定下来，那么人类社会长期的社会和经济发展是不可能的。同理，在我国新制度经济学发展较快，原因在于当前的中国是一个不断进行体制改革的国家，因而新制度经济学中对于制度转型的可应用性一样适用于中国。1970 年代末，中国开始了改革开放，中国经济绩效得到了改善，经济快速增长。对于中华人民共和国成立以来的变化，此方法分析具有一定的解释力。

在本书中，乡村聚居的发展趋势不可避免地受到政府政策、体制改革的影响，比如户籍改革、土地改革等均涉及权利安排等制度设定，而这些制度的影响是自上而下的、方方面面的，因此本书将制度经济学作为以政策影响为核心的宏观层次动力机制的理论基础。

2. 帕累托最优理论

又称帕累托最佳。意大利经济学家和社会学家帕累托于 1896 年提出了社会经济资源配置的最优状态，主要内涵是：在不减少任何一个社会成员福利的状况下，调整社会资源配置已经无法增加任何社会成员的福利。帕累托最优状态虽然是福利经济学的起源研究，但它也适用于综合性的、多目标的、最优化的研究。此时帕累托最优的内涵是：任何一个目标函数的值已不可能在不使其他目标函数值恶化的条件下得到进一步改进。帕累托最优往往不是唯一的，很多情况下也是无法达到的，因此在决策时需引入其他的约定，以便比较多个帕累托最优解。多目标最优化问题的最终解，是从所有帕累托最优解中选出一个最优折中解[105]。帕累托最优是一个非常重要的评价经济体制和政治方针策略是否合理的标准。

在本书研究中，此理论主要是作为城市中观理论与宏观制度安排联系的桥梁。迁居行为的公共选择，如果实现了帕累托最优，乡村居民不仅自身获益较大，也让相关多方主体利益显著增加，形成"做大蛋糕""共赢"的格局。作为政府认同、社会公众支持的公共行为，将会以变革相关制度与政策，而对促使农村人口变迁产生深厚、广泛的社会和群众基础，从而降低多项成本，增强城市及农村经济发展的活力及人口迁移驱动力。

3.3.4　动力机制理论基础

乡村聚居的本质正如基本概念认知中所阐述的，是一种社会现象或社会产物。社会产物的发展必然会遵循社会发展规律，因此本书首先从社会发展动力理论出发，结合系统动力学的内容，提出本书的理论逻辑。

1. 社会发展动力理论

历史上的社会动力论归为以下几种类型：①自然动力论，是指从自然界寻找社会历史发展动力，借鉴自然发展的理论，把社会发展动力归结于某种自然必然性、自然现象或自然物的观点，产生于人类同大自然的原始斗争中，是一种原始的社会动力论；②神学动力论，依靠上帝、神的意志分析社会历史运动、变化和发展的规律，认为其具有决定性，现在依然具有很大的影响力；③人性动力论，起源于文艺复兴运动，重视人的主观能动性，提倡重视个人的发展力量，注重人性的发展成为人们观察和思考社会历史问题的新视角，社会动力观也发生了历史性转变；④理性动力论，主要由哲学家黑格尔提出，其从"绝对精神"出发，深刻、冷峻地反思了人类以往全部历史，提出理性动力论，认为绝对精神是历史发展的最终基础，属于客观唯心主义的典型；⑤竞争动力论，源于对法国大革命的反思，比如阶级斗争动力说、利益动力说、生存动力说等，可概括为竞争的动力说；⑥民本动力说，中国社会特殊的历史文化，产生了中国特有的民本动力观，主要包含着"重民""爱民""利民"思想[106]。

而后来，马克思、恩格斯的唯物史观带来了社会动力论的变革（图3-5）。其认为生产力和生产关系、经济基础和上层建筑的矛盾构成社会发展的基本动力，从而创立了基于唯物史观的社会动力理论[107]。恩格斯在晚期又提出了"合力论"和"相互作用"思想，也就是系统动力论。马克思、恩格斯分析社会发展动力的方法有矛盾方法、系统方法、主客体统一方法，详细地描述了动力系统的结构、作用机制及其运动的规律性的思想。

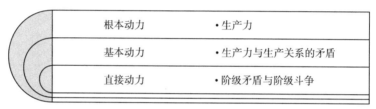

根本动力	·生产力
基本动力	·生产力与生产关系的矛盾
直接动力	·阶级矛盾与阶级斗争

图3-5　马克思的社会发展动力论

基于中国的国情，邓小平认识到了任何一种社会，都有一个适应生产力发展而不断完善生产关系的过程，提出在社会主义社会中，生产力与生产关系、经济基础与上层建筑既有基本适应的一面，又有相互矛盾的一面，这种矛盾的方面，集中表现为现存经济、政治体制中的严重弊端是生产力发展和社会进步的阻碍。要进一步发展生产力，就必须对现存体制进行改革。其将社会发展的动力归于体制的改革[108]。

2. 系统动力学

又名系统动态学。系统动力学最初是由美国麻省理工学院的福雷斯特教授于1956年开发的新技术，在1961年出版的《工业动态学》一书，首次阐述了该理论模型，是一门以控制论和信息论为背景的系统方法论学科。之后，以福雷斯特为主的研究人员开展了更多的应用研究。1970年提出，用系统动力学研究的世界模型的雏形，该模型包含人口、资本、农业、资源和污染等五个子模块，其团队预测了世界增长的极限。理论研究与实际应用的紧密结合，是系统动力学发展的一个突出特点。

系统动力学理论建立研究模型一般有七个步骤：提出问题，分析问题，确定因果关系，因素和关系的分析量化，模拟，得出结果，修正分析（图3-6）。前三个步骤主要基于定性分析，对系统的各种因素和关系进行分析，建立系统结构和功能模型框架，主要意图是构建模型的逻辑关系，以图反馈构成系统的动力流图。然后根据流图，每个环节均使用数学方程表示因素之间的数量关系，形成一套系统动力学方程，将系统动力学方程及其所需参数用其专用的Dynamo语言进行模拟计算、解释分析、对比修正，达到满意为止[109]。

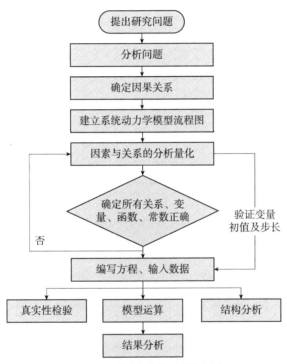

图3-6　系统动力学模型建模流程图

　　系统动力学理论分析具体问题具有很大的灵活性，可以增删某些局部和因素。具有较强的适用性，既可以研究微观经济，更可以研究宏观经济，其取决于模型的制定。同时可以用来预测某系统的发展趋势和变化过程，既可以用来分析问题，又可以作出决策解决问题，并且可以预测发展趋势。因此，其理论逻辑架构非常适合作为本书乡村聚居发展动力机制理论构建的逻辑基础，目前，国际上已出现了多种根据系统动力学建立的世界模型、国家模型、城市模型、工业企业模型等。

3. 理论构建逻辑

　　结合社会发展动力理论和系统动力学，本书提出以提出问题、分析问题、确定因果关系、分析量化、得出结果、讨论分析六个阶段为逻辑关系，以乡村居民为核心开始，认为乡村聚居发展动力机制本质上是乡村居民居住在农村的意愿的问题，并以此建立逻辑因果关系，依据合力论、相互作用论，从微观乡村居民迁居意愿、中观县域空间农村人口迁移表象、宏观户籍、土地制度及政府政策等三个层次分别构建本书的理论基础，并在后续章节进行相关实证研究，并以实证研究结果为基础，提出相关规划建议及发展策略。

3.3.5　理论框架构建

见图 3-7。

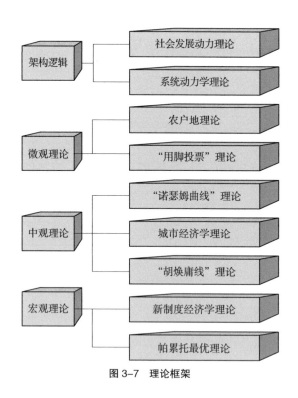

图 3-7　理论框架

3.4　本章小结

本章主要进行了理论框架的建构，以便下述章节的实证分析，具体如下：

首先，主要遵循文献研究与实证研究的方法逻辑理清了研究思路。认为乡村聚居迁居意愿代表着乡村聚居未来的发展趋势，因而构建微观动力机制；城镇化严重影响乡村聚居的发展，因而使用县域人口迁移空间计量分析构成中观动力机制；政府政策引导和约束了乡村聚居发展的整体方向和趋势，因而使用户籍、土地制度与其他农村政策构建宏观动力机制。

然后，通过系统动力学理论和社会发展动力理论的构建逻辑与规划学科相结合，以农户地理论、用脚投票理论为微观动力机制的理论基础，以诺瑟姆城镇化曲线理论、城市经济学理论、胡焕庸线理论为中观动力机制的理论基础，用新制度经济学理论、帕累托最优理论对宏观动力机制的理论基础进行了阐述，并搭建了本书的理论框架。

4

基于乡村居民迁居意愿分析的
微观动力机制研究

4.1 引言

以人为本城镇化的核心就是在微观层次尊重农户行为主体的迁居意愿，科学引导乡村居民合理、有序、自愿地迁居新居民点，或留住原村庄，或迁居城镇。迎合及引导乡村居民的精神需求才是推动美丽乡村建设的核心内容。调查研究乡村居民对于选择居住原有住房、集中新建居民点，还是迁入城镇的意愿才是指导乡村聚居科学发展道路问题的关键所在，也是研究乡村聚居何去何从的基础。因此，研究乡村聚居发展微观动力机制，即行为主体乡村居民的迁居意愿、迁居行为以及影响乡村居民迁居决策的影响因素，对于优化乡村发展规划空间格局、完善乡村建设管理机制、乡村经济可持续发展、优化城镇化空间布局模式、提升城镇化质量具有重要意义。同时，完善与补充了乡村聚居行为主体的迁居意愿研究，有利于完善新型城镇化理论和乡村振兴的发展思路；最重要的是完成了研究命题乡村聚居发展动力机制的微观组成部分，以期下一步中观层次动力机制的研究。

本章节主要遵循实证研究的思路，通过文献研究分析归纳，认为乡村聚居的未来发展取决于乡村居民的迁居选择，因此将乡村聚居发展微观动力机制定义为决定乡村居民的个人迁居意愿各种因素的集成与各因素间产生的相互作用。主要内容安排如下：

首先，进行了国内乡村居民迁居意愿研究的文献分析，然后确定研究范围、调查抽样数据、提出研究假设、设定研究模型、筛选因素指标、设计调查问卷、分析数据方法。

乡村聚居的发展趋势不外乎三种，留在原有村庄发展、迁居集中新建居民点、空心化（大部分人迁居城镇）。本书认为相对应的乡村居民迁居意愿亦可以分为三类，不想迁居、想迁居集中新建居民点、想迁居城市。所以，进行了乡村居民三种迁居意愿的调研及分析。调查研究时，乡村发展已经开始空心化，大量的乡村居民均已迁往城镇工作生活或外出打工。从而导致调查样本中，此类人群的迁居意愿只能通过仍居住在乡村的家庭人员代为回答。因此，进行了乡村居民自身状况与居住状况对迁居意愿的影响分析，运用了描述性统计分析、方差分析、二元 Logistics 回归分析。然后进行了集中新建居民点对乡村居民、外出打工者的迁居意愿影响分析，使用了描述性统计分析和定性经验分析。

最后，总结了乡村聚居不同迁居意愿的影响因素，进行了综合性分析判断，构成了现阶段乡村聚居发展微观动力机制，并对乡村聚居发展趋势进行了预测及展望。

4.2 乡村居民迁居意愿文献综述

近年来中国经济的发展促进了城镇化进程的快速推进，也伴随着大量乡村出现了发展困境。为了乡村居民享受到改革发展带来的经济福利，为了发展的公平正义，国家也不断地尝试新的乡村发展模式和发展战略。就如为了改变或减缓乡村"空心化"的趋势，鼓励有条件的乡村就地城镇化，改善村镇公共基础设施、交通基础设施等。

在未来的乡村聚居发展中，无论是乡村振兴，还是"空心化"，其动力机制落实到现实情况，真正取决于乡村居民的个人迁居意愿。否则如图 4-1 中所示，地方政府主导集中新建居民点即使建成了也无多少乡村居民居住。然而，各种各样的要素又会影响乡村居民的迁居意愿，国内已有不少研究人员，针对乡村居民的迁居意愿进行了调查及研究，下面将从三个方面论述已有的研究观点及方法。

图 4-1 某村已空心化的集中新建居民点

乡村居民有三种可选择的方式：首先，就是选择留在乡村，进行必要的基础设施改善等；其次，就是搬入附近新建的居民点，将土地流转出来作他用；再者，就是直接迁入城镇居住并生活。因此，本书论述的观点主要集中在迁往新居民点居住还是迁往城镇居住，然后总结了常用的研究方法，具体如下。

1. 新居民点迁居意愿论述

在关于乡村居民迁往集中新建居民点的意愿研究中，以正面积极的意愿为主，能否迁居的要素较多，但最重要的为是否具备迁居的资金。如有学者以安徽省六安市乡镇的乡村居民为调查对象进行了研究分析，发现 72% 的乡村居民希望居住在集中新建的居民点里，主要原因是"国家出资修建道路，配套水、电、通信、有线电视等设施"，而是否能够迁居则主要考虑土地问题和集中居住的建设资金问题[110]。有研究运用描述性统计分析和 Logistic 模型，对乡村居民是否愿意搬迁进入集中社区居住的影响因素和迁居意愿进行了回归分析。结果显示：乡村居民是否愿意迁往集中新建社区是家庭进行综合考虑后的决策，影响其是否迁居的因素主要有家庭主要劳动力所从事的职业、现状乡村住宅质量、新社区房屋户型、区位、房屋形式、联排房建设模式、补偿标准[111]。

有研究也认为家庭总人口、道路交通、现住宅改造时间、房屋面积及结构、地形是影响乡村居民迁居意愿的主要因素，随着乡村大家庭的逐渐消失，家庭结构日益小型化，人口较多的家庭还面临着进一步迁居的可能；山地乡村居民更倾向于迁居，原因是为了改善道路交通、现有住宅结构、居住环境[112]。

关于迁居集中新建居民点过程中政府影响的研究中，有学者认为乡村居民的迁居意愿与对政府信任、损益认知呈显著正相关，通过对政府行政人员、公共事务、补偿数额和现有经济状况这四个分维度的分析及解读，能够预测迁居意愿水平[113]。关于乡村居民迁移到集中镇区的研究中，发现居民点建设、交通是否便利、家庭住房、家庭人口规模、家庭收入等是影响乡村居民向镇区迁移的主要因素，后三者对乡村居民迁居意愿有非常显著的影响[114]。

几乎所有研究均指出，乡村居民均倾向于（资金充足）希望搬迁到基础设施更好的新村或镇区，而有一些特殊的乡村居民或许因留恋故乡的情节，更倾向于留在原来的乡村中，尤其是古村落的乡村居民表现突出，由于其对古村落的地方依赖，形成了乡村居民对古村落的情感依恋而导致不愿意迁居别处[115]。

2. 迁居城镇意愿论述

在改革开放后，城乡壁垒慢慢地被打破，越来越多的乡村居民选择到城镇居住、工作、生活。从城镇化率的快速发展来看，迁往城镇的乡村居民数量非常可观。因此，乡村居民迁居城镇的意愿要素的研究成果也非常多。

有学者从房价收入比、理性原则探讨乡村居民的迁居意愿，认为改革开放后，城镇具有更好的基础设施、公共资源和社保资源，乡村高收入家庭具有强烈的进城镇购房迁居的意愿[116]。同理，具备迁居能力的乡村家庭具有强烈的向城市迁移定居的意愿，应当给予尊重及政策的引导[117]。有学者研究了乡村居民属性特征和城镇综合环境评价对于乡村居民城镇化迁移意愿的影响，认为城市的教育质量、消费服务、就业机会是影响其迁居意愿最重要的因素[118]。但乡村居民迁居城市意愿的影响因素，不仅限于在经济上保护农民权益和社会保障或公平，而且包括一些如照顾老人、土地带来的安全感、劳动享受和乡情文化等非经济理性行为，以及主观规范中亲戚、家庭和邻里的意见等[85]。也有学者研究了发达地区乡村劳动力的迁居意愿，认为具有农村户口、受教育程度较高、非农劳动时间较长、享有农村养老保险、年纪较小的农村劳动力更容易迁居城镇；距离城镇较近、家庭收入较高、家庭人口较多、住房面积较大的农村劳动力迁居城镇的可能性较小[119]。也有人认为预期收入增加是农民愿意迁居城市最重要的动因，在迁居的"预期成本"因素中，住房可获得性和子女教育可获得性两个变量与农民市民化意愿呈正相关[120]。有研究从农户自身的角度分析了其迁居城市的意愿，户主自身特征变量、现住房的面积、建成时间、住房所处的交通位置、住房的朝向、家庭宅基地数量以及交通的通达度等是影响乡村居民迁居意愿的重要因子[121]。影响迁居意愿的因素中，可能收入的拉动作用比不上劳动力所在地的经济发展状况的推动作用[122]。还有研究认为乡村居民迁移决策受到户主的学龄、户主的职业类型、家庭是否有学龄儿童、人均耕地面积、交通状况、外出劳动力比例、本地非农就业机会等多种因素的影响。

在个体性别方向，有研究对乡村女性迁居城镇意愿作了调查研究，后代生存环境和现收入情况是乡村女性居民愿意迁居城镇最重要的影响因素，不希望生活有突变是不愿意迁居城镇的原因[123]。

在政府政策层面，有学者认为户籍制度改革的有效性并不明显，农村家庭向城市举家迁移受到城乡二元体制的影响，现有土地制度给予了农村家庭一定的利益保障，增加了迁移的预期成本[65]。如果将城市户口作为是否愿意迁移的指标，那么影响乡村居民迁居城市的主要原因则相对集中在地域性因素和制度的制定上[124]。

有研究针对特殊人群作了特定的研究，乡村居民迁往城镇居住、工作、生活以大量的农民工为主，而绝大部分人都会选择在城镇定居，返回农村及原本定居地的人非常少[125]。有研究对广东三市新生代农民工迁居城镇意愿影响因素抽样调查数据进行分析，发现新生代乡村居民迁居城镇的意愿较为强烈，认为农村承包地面积、住房状况、性别、年龄、收入、城市养老、医疗保险对农民工的儿女定居城市的意愿有显著的影响，其中社会保险的作用在逐渐增强[126]。

对传统老城区、城中村、商品房小区居民的迁居意愿作了研究，认为城中村相比较其他二者而言不同，基础设施完善程度的影响要大于社区归属感[127]。乡村劳动力对迁居目的地城镇的意愿随城乡距离的增加而减小，呈现出迁移空间意愿的距离偏移特征，主要是以中心城区周边的小城镇和卫星城为拟迁目的地，表现出就地城镇化的趋向[128]。

在上述论述中，较少同时比较迁往城市与迁往新建居民点的研究。有学者对陕北地区的农业户籍家庭迁居意愿进行了多重的调查研究，发现其迁居意愿相对倾向于城镇化地区，在迁移空间意愿上村庄占 31.9%（居民点建设）、镇区占 9.7%、县城占 43.1%、其他占 15.3%，迁入地以县城为主，其次是迁往新建居民点[129]，而镇区的吸引力已经不足。而也有人认为，具有土地情结、乡土情结的乡村居民，通过生活成本、预期风险比较决策，一般还是愿意迁移到中心镇和重点镇[130]。

中国台湾与韩国是二战后仅存的由贫穷发展为发达的经济体，因此其相关理论有助于现有研究和讨论。有研究通过分析 1980 年至 1990 年中国台湾劳动力迁移的数据发现，在其第一次迁移的时候，影响其迁移意愿的是教育程度和就业机会，而后续再次迁移时则受到的影响比较大[131]。在对韩国的研究中，认为"推 – 拉"理论在韩国农村人口迁移中，繁荣的城市的"拉"的效应要远远大于农村的"推"力，乡村居民迁移意愿中主要考虑薪水和就业因素[132]。

3. 研究方法总结

本书研究方法主要是在乡村居民微观问卷调查的基础上，进行了计量分析。主要方法为使用计量经济学的分析手段，如二元 Logistic 回归模型、多元 Logistic 回归模型的实证研究[89]、描述性统计分析与 Logistic 模型相结合方法[110]、线性回归和多元 Logistic 回归分析结合[127]。

还有采用 Probit 模型，考虑"预期收益"和"预期成本"考察乡村居民市民化意愿决定因素的分析方法[120]；也有运用 TPB（计划行为）理论构建 SEM 模型，分析影响乡村居民迁居意愿因素的研究方法[85]。

4.3　研究方法

4.3.1　研究假设及分析模型

1. 研究假设

正如马克思主义社会动力论所讲，人民群众推动着社会的发展[79]。乡村聚居如何发展取决于其动力机制的变化，而乡村居民作为乡村聚居的行为主体，其对于乡村聚居的认可思想及实际行动在现实意义上决定着乡村聚居的未来。因此，乡村居民的关于未来的迁居意愿将影响着乡村聚居的发展。因此，本书中乡村居民的迁居意愿构成了乡村聚居发展动力机制的微观部分。所以，本章节主要研究重庆市乡村居民迁居意愿状况，其迁居意愿受到什么因素影响。依据前期调研与文献综述，本章节研究假设如下：H_1——乡村居民自身的物质、精神状况会影响其自身的迁居意愿，如其年龄、性别、教育程度、家庭收入、精神状况等，从而影响乡村聚居的发展形势；H_2——居住生活条件会影响乡村居民的迁居意愿，如基础设施、自身房屋条件、交通是否便利等，从而影响乡村聚居的发展形势；H_3——集中新建居民点会降低乡村自身对居民迁居的推力，减少城市的拉力，从而会影响乡村居民的迁居意愿，进而影响乡村聚居的发展形势；H_4——整体来看，乡村聚居发展受城镇拉力的影响大于乡村自身的推力。

2. 分析模型

本书主要从实证调查问卷出发，首先选择了对问卷问题进行描述性统计分析。其次，本问卷的核心问题是：是否想迁居，其答案是非连续的、二元离散的。常规的线性回归模型并不适用，因此本书使用了二元 Logistics 回归模型（又称为二元逻辑回归模型）进行分析，见公式（4-1）。这种分析模型可以有效地检验二元被解释变量与一组影响因素（解释变量）之间的相关性。在迁居意愿研究中，二元 Logistics 回归模型已被大量使用并得到了可信的研究结果[112, 121]。

二元 Logistics 模型具体表示如下：

$$
\begin{aligned}
P\left(Y_i=1\right) &= \frac{\exp\left(\beta_0+\beta_1 x_{i1}+\beta_2 x_{i2}+\cdots\beta_i x_{ij}\right)}{1+\exp\left(\beta_0+\beta_1 x_{i1}+\beta_2 x_{i2}+\cdots\beta_i x_{ij}\right)} \\
P\left(Y_i=0\right) &= \frac{1}{1+\exp\left(\beta_0+\beta_1 x_{i1}+\beta_2 x_{i2}+\cdots\beta_i x_{ij}\right)}
\end{aligned}
\tag{4-1}
$$

式中　　　Y_i——取值 0 或 1 的被解释变量；

$x_1, x_2, \cdots, x_i$——与 Y 相关的解释变量，假设获取的 j 组样本数据为（$x_{i1}, x_{i2}, \cdots, x_{ij}$, Y_i）；

　　　　　β_0——本模型中假设的随机干扰项；

$\beta_1, \beta_2, \cdots, \beta_i$——回归系数。

本书选用描述性统计分析和二元 Logistics 回归分析相结合的方式，研究乡村聚居发展动力机制的微观部分，即乡村居民的迁居意愿分析研究。

4.3.2　变量筛选与问卷设计

乡村居民的迁居意愿同其他任何人的迁居意愿在本质上都是相同的，动力机制中有对乡村居民迁居意愿产生正影响的积极因素，也有阻止迁居意愿的消极因素。一般来讲，对于任何意图迁居的正常家庭，在决定迁居之前，都会根据自身居住空间的行为心理，在现有居住空间和目标居住空间之间作出相应的主观评价。居民对居住房屋的满意程度和迁居意愿有着直接的关系[133]。可以推断出，当乡村居民对其现居住地并不满意时，便会产生相应的迁居意愿，而迁居意愿的强弱取决于其居民对居住地全方位整体评价。

1. 变量筛选辨析

本书与其他迁居意愿研究核心点有所不同，研究使用了稍有差异的迁居意愿问题，就是"想迁居"和"不想迁居"（想意为希望，或愿意）。与其他研究最关键的不同点在于，"想迁居"的乡村居民可能并没有能力迁居而导致不打算迁居，从而没有产生迁居行为和迁居意图。主要在于预测乡村聚居的发展趋势，作者认为"想迁居"才代表着乡村聚居的发展趋势，因此迁居意愿在问卷调查时主要指主观是否想迁入不远的集中新建居民点、城镇等。

在之前的综述章节中，很多学者在试图解释迁居意愿的研究中使用了以下解释变量：家庭成员基本特征（家庭人口规模、家庭住房因素、家庭收入因素等）、住宅质量、新建社区房屋质量、土地补偿问题、资金问题、新居民点建设以及交通是否便利等。关于被解释变量，将乡村居民的意愿表现为想迁居和不想迁居[112]。因此，本书在参考其他研究的解释变量的基础上，通过对前期预调研的主观经验进行分析，将以下指标纳入了本章节研究的变量选择：

（1）年龄。年龄对于迁居意愿的影响既可以从经验上也可以从已有研究中得出是非常重要的。主要源于获得迁居收益不同、适应能力不同、对原住宅感情不同。年轻人迁居后可获得年数更长的收益，年轻人具有更强的适应能力，年长者对原住宅感情更为深厚。因而，年龄是一个非常重要的变量因素[89]。

（2）性别。从家庭、社会角色来看，女性与男性相比家庭责任更重、工作机会较少，因而可能会导致迁居意愿的不同[123]。

（3）文化水平。一般来讲，教育程度越高的人群具有较高获取新信息以及改变传统思想的能力，而且较容易与他人交往、沟通，因而具有不同的远见，使其可能会作出不同的迁居意愿[110]。

（4）精神状况。精神健康是农村空巢老人最大的健康诉求[134]，精神状况也与新居民点建设息息相关[135]，精神不同会影响对新事物的看法，因此可能会作出不同的迁居意愿。在本书中使用了 Kessler K6 精神量表[136]，并在访谈时依据调研人对其的主观印象进行了辅助观察。

（5）家庭成员数。家庭成员数越多，代表着越有可能为了家庭改善生活而迁居，而同时成员越多，附加的边际成本也会增加，因而可能会影响乡村居民的迁居意愿[110, 112, 119]。

（6）家庭收入。迁居人群中考虑最多的就是经济成本，因为收入的多少代表着迁居的可能性有多大。绝大部分的乡村居民还是受限于收入的问题，会导致其想居住更好的房屋而不得。因此，家庭收入很大程度上会影响其迁居意愿[119]。

（7）收入来源。一般来说，不同的收入来源代表着不同的职业，不同的职业会有不同的思维方式、不同的视野，因而可能会作出不同的迁居意愿[137]。

（8）基础设施满意度。新居民点或城市相比较农村改善最大的因素之一应为基础设施的改善，因而不同的基础设施满意程度可能会影响其迁居意愿[110]。

（9）交通便利满意度。交通是否便利严重影响着生活质量，与外界交流的机会，尤其是重庆市以山地为主的农村，交通便利的满意程度很大程度上影响着乡村居民的迁居意愿[112]。

（10）住宅毗邻道路级别。与上一条相同，毗邻道路级别越高代表着交通越发达，这是一个客观的判断标准，作为与上一条主观上判断的对比。因而其可能是影响乡村居民迁居意愿的重要因素。

（11）进城所需时间。依据上两条，但与其不同，与城区隔绝的时间距离更能影响人心态上的远近，因此其很有可能会影响迁居意愿的改变。

（12）现有房屋满意度。作为一个主观判断标准，迁居改善最大的就是本身房屋的条件，比如户型、结构、朝向、地理位置等，当乡村居民对现有房屋非常满意的时候，会增加其迁居的心理成本，因此，对现有房屋的满意程度是非常重要的影响因素[112]。

（13）最希望居住地。作为一个主观问题，可以判断其未来的迁居意愿，以此判断原有农村、集中新建居民点、城镇对其的吸引力。

（14）家庭成员外出打工数量、外出打工者是否还想回到村里及其原因、集中迁入新建居民点是否影响外出打工者回村生活的意愿。这三个问题作为调查研究的补充，主要判断在外打工会否影响其迁居意愿，同时研究集中新建居民点是否减少乡村对迁居城市人口的推力。

2. 问卷设计

由于本书使用的数据分析方法有两种——描述性统计分析和二元 Logit 模型分析，

所以在设计变量的定义与取值时同时考虑了两种分析方法的可能性。具体如表4-1所示。

问卷中变量的定义及赋值

表4-1

	变量	变量定义及赋值
被解释变量	迁居意愿	希望迁入集中新建型农村为1，不希望为0
解释变量	X_1 年龄	实际年龄，单位：岁
	X_2 性别	"男性"为1，"女性"为2
	X_3 文化水平	"无"为1，"小学"为2，"初中"为3，"高中"为4，"专科/高职"为5，"本科"为6，"本科"以上为7
	X_4 精神状况	选用 Kessler K6 精神量表[136]，得分从0~24，分数越大代表精神压力越大，精神状态越差
	X_5 家庭成员数	实际人数，单位：人
	X_6 家庭收入	家庭成员全部毛收入，单位：元/年
	X_7 收入来源	"务农"为1，"外地打工"为2，"工资、退休金或社保"为3，"经商"为4，"家庭副业"为5，"公职人员"为6，"其他"为7
	X_8 基础设施满意度	"非常不满意"为1，"比较不满意"为2，"一般"为3，"比较满意"为4，"非常满意"为5
	X_9 交通便利满意度	"非常不满意"为1，"比较不满意"为2，"一般"为3，"比较满意"为4，"非常满意"为5
	X_{10} 住宅毗邻道路级别	"土石路"为1，"村级硬化路"为2，"县道"为3，"省道"为4，"国道"为5
	X_{11} 进城所需时间	"1~30min"为1，"30min~1h"为2，"1~2h"为3，"2h以上"为4
	X_{12} 现有房屋满意度	"非常不满意"为1，"比较不满意"为2，"一般"为3，"比较满意"为4，"非常满意"为5
	X_{13} 最希望居住地	"现居住地（不改造）"为1，"现居住地（改造后）"为2，"迁入不远的集中新建居民点"为3，"市郊区"为4，"市区"为5
	X_{14} 家庭成员外出打工数量	平常在外打工超过6个月每年的人数，单位：人
	X_{15} 外出打工者回村意愿	"不想回来"为1，"有点不想回来"为2，"正在考虑中"为3，"有点想回来"为4，"想回来"为5
	X_{16} 外出打工者想回村的原因	"村里的基础设施越来越好"为1，"农村生活成本低"为2，"家庭原因"为3，"城市生活成本越来越高"为4，"在城市享受到的福利越来越差"为5
	X_{17} 外出打工者不想回村的原因	"村里的基础设施越来越差"为1，"农村收入低"为2，"家庭原因"为3，"城市生活收入高"为4，"城市基础设施条件好"为5
	X_{18} 集中迁入新建居民点是否影响外出打工者回村生活的意愿	"完全不会"为1，"可能不会"为2，"不清楚"为3，"可能会"为4，"肯定不会"为5

注：问卷在试调研后进行了优化调整设计。自身状况问题是 X_1~X_7，居住状况问题是 X_8~X_{12}，集中新建居民点的影响问题是 X_{13}~X_{18}。

4.3.3　调研范围及数据搜集

1. 研究范围

重庆市是中国城乡统筹示范区域，在成渝城乡统筹区中是非常重要的一级。重庆市主城区周边地区均为欠发达的山地地区，覆盖面以农村为主，而中心区的城市人口密度及社会经济发展又较为突出，因此将重庆市作为本书的取样地点具有鲜明的特点及代表性。

国家新型城镇化政策战略进程中，乡村居民必然会伴随着经济发展，也就是工业化和城镇化的发展而进行大规模城乡迁移。集中新建居民点也是意图解决快速城镇化带来的超大型城市病等一些弊端，称之为就地城镇化，真实目的是减少农村自身的推力和城市的拉力。城镇化的一个重要问题是人的城镇化，包括城市周边被动城市化的乡村居民、为了更好的生活主动迁入城市工作的乡村居民、为了各种原因搬入集中新建的农村社区的乡村居民等。然而，对于很多乡村居民，城镇化或就地城镇化并不是他们主动希望改变的，而是在城镇化冲击下，因各种原因不得不从他们所熟悉的土地、农业生产，或乡村生活，而融入所谓城镇生产、生活模式。由于现实原因，新建集中型居民点主要是政府引导投资建设，但政府也受限于资金和其他原因，以致新村数量有限。因此，在一段时间内只有少部分人可以住进新村，有些甚至是通过抓阄决定的。重庆新居民点大多都是建好了，乡村居民才开始自愿选择是否搬入到新村居住。也就是说，研究者很难在其住到新村之前而得知他是否会搬入新村，也就无法对同一人群住进新村后与未住进新村时进行迁居意愿的比较。因此，本书主要将调查分析定格于前分析，即在迁居前评价分析。

本书没有将城中村或城郊区纳入调研范围，因为其发展趋势在中国特殊的自上而下的规划条件下，乡村居民的个人意愿影响并不大，因此并没有将其特殊情况纳入乡村居民个人意愿作为动力机制的研究中。

本书并没有将已外出工作人群纳入直接问卷调查范围，但其现象可供本书间接问卷调查研究，原因如下：问卷只能在乡村中进行；无法对迁居城区的一部分人群进行分类调查；在现实中，乡村居民很大一部分都"用脚投票"进城打工或已迁居城区，已产生了迁居行为，对迁居意愿问卷问题并不敏感，研究意义不大。

2. 数据收集

在进行数据采样选择之前，本书作者对重庆市38个区县的乡村进行整群随机调研，以此作为整体研究的前期预调研。同时，为了保证重庆市辖区内乡村调研数据采

样的可靠性、全面性与独特性，亦将重庆周边区域一部分村镇纳入预调研，用作重庆
市数据采集的对比研究。预调研阶段为 2011 年起，2013 年止，重庆市辖区内预调研
村镇有（图 4-2）：江津区吴滩镇、石蟆镇、龙华镇、中山镇、柏林镇、白沙镇、蔡家
镇、塘河镇、慈云镇；永川区松溉镇；万州区甘宁镇、孙家镇、分水镇、铁峰乡、高
梁镇、龙沙镇、天城镇、白土镇；九龙坡区西彭镇、走马镇；铜梁区安居镇；酉阳县
龙潭镇、龚滩镇；綦江区东溪镇；合川区涞滩镇；北碚区偏岩镇，总共涵盖 9 个区县、
26 个村镇。重庆市外预调研村镇有：四川省广汉市西外乡、宜宾市李庄镇；贵州省赤
水市大同镇。

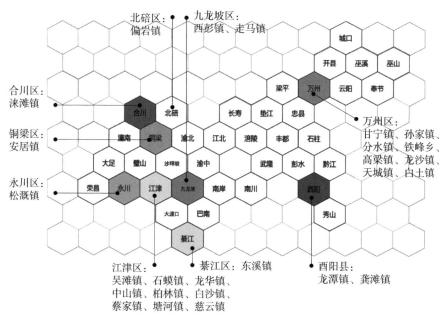

图 4-2　重庆市辖区内预调研村镇示意图

在预调研的村镇中有一部分是国家级历史文化名镇，有一部分是国家级贫困区
县，社会经济情况不尽相同。同时，由于各种原因，在某些村镇进行了集中新建的新
农村社区建设，有些村镇没有。本书中关于乡村聚居发展动力机制，新乡村聚居方式
是极为重要的一环，并且具有现实参照物，有利于进行调查研究。基于此现状，依据
研究内容决定选择简单随机抽样方法。由于本书在乡村聚居发展动力机制上的研究是
在城镇化大框架之下，且下一步研究集中在城区与乡村互相影响的空间集聚方面，同
时基于初步预调研村镇的频次和数量，依据离主城区不同的距离和是否建设有集中新
建居民点，随机选择了江津区和万州区。并分别随机选择了 5 个农村。最后在两个区
10 个镇，万州区孙家镇天宝村、分水镇石碾村、铁峰乡桐元村、高梁镇天鹅村、天城

镇老岩村、江津区柏林镇白果村、龙华镇燕坝村、吴滩镇郎家村、慈云镇凉河村、蔡家镇鸳鸯村里随机抽取乡村居民完成了一对一访谈，并完成问卷调查，在 2014 年年初至 2015 年 9 月完成全部调查。在调研过程中，共发出了 240 份问卷，回收有效问卷 224 份，总计有效率达 93.3%。

　　首先，本书主要考虑使用了二元 Logistics 回归分析，在其统计方法里一般经验认为，样本数量一般为解释变量的数量的 10~20 倍[138]。在本书中，乡村居民自身状况与居住状况是分开进行的二元 Logistics 回归分析，自身状况有 7 个解释变量，居住状况有 5 个解释变量，而有效问卷数是 224 份，符合二元 Logistics 回归分析的基本要求。其次，本书试图研究的是依据乡村居民的主观心理迁居需求预判乡村聚居的发展趋势，从而建立一个研究乡村聚居发展动力机制的框架。同时，重庆市地域广阔、物质条件不尽相同，不同物质条件的村镇并不影响本书中对于乡村居民主观心理上的认同和感受。因此，问卷样本数量可以满足要求。

4.4　结果与分析：影响农户迁居意愿动力要素分析

4.4.1　乡村居民自身状况对迁居意愿的影响分析

　　在本小节的研究中，首先对关于乡村居民自身状况的 7 个解释变量 X_1 年龄、X_2 性别、X_3 文化水平、X_4 精神状况、X_5 家庭成员数、X_6 家庭收入、X_7 收入来源进行了描述性统计分析（表 4-2），并通过饼状图、直方图的图示，分析了单个解释变量的具体情况。随后，对 7 个解释变量针对被解释变量"迁居意愿"进行了独立样本 T 检验的均值、方差分析，研究 7 个解释变量是否在"迁居意愿"上存在显著差异。最后，在独立样本 T 检验的基础上，进行了二元 Logistic 回归分析，判定解释变量是否显著影响被解释变量。

1. 乡村居民自身状况统计分析

乡村居民自身状况描述性统计分析表　　　　表 4-2

解释变量	N	范围	最小值（M）	最大值（X）	平均值（E）		标准偏差	方差
					统计	标准错误		
X_1 年龄	224	72	15	87	54.11	0.938	14.039	197.09
X_2 性别	224	1	1	2	1.47	0.033	0.500	0.250
X_3 文化水平	224	5	1	6	2.23	0.074	1.104	1.219

续表

解释变量	N	范围	最小值（M）	最大值（X）	平均值（E）		标准偏差	方差
					统计	标准错误		
X_4 精神状况	224	19	1	20	7.35	0.289	4.330	18.748
X_5 家庭成员数	224	6	1	7	3.14	0.093	1.394	1.944
X_6 家庭收入	224	499000	1000	500000	37999	2896.35	43348.64	1879105111
X_7 收入来源	224	7	1	8	3.32	0.177	2.649	7.017

1）年龄与性别（图4-3、图4-4）

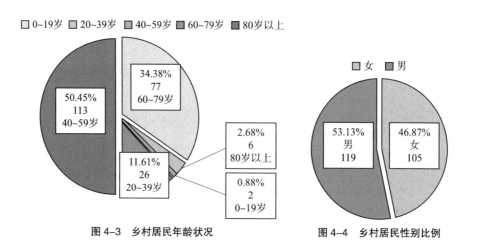

图4-3　乡村居民年龄状况　　　　图4-4　乡村居民性别比例

从图4-3中可以看出，调查样本中乡村居民的年龄以40~59岁为主，39岁及以下的人群只有28个，非常少。从表4-2看到，调查样本中平均年龄约在54岁。这也是现阶段大多数中国农村的现状，当城市化发展到一定的程度，村中年轻劳动力缺失，留在村中的大部分是中老年人。仅仅在年龄调查一项中就已经发现，乡村聚居的发展将逐渐走向没落，因为人口结构已经失调。不过在图4-4中可以看出，乡村居民的性别比例并没有太多差异，比较均衡。

2）文化水平与精神状况（图4-5、图4-6）

从图4-5中可以看出，调查样本中乡村居民的文化水平主要分布在小学和初中，两者比例超过了总样本的63%。乡村学历总体偏低，考虑到图4-3中的年龄分布以中老年人为主，也是比较正常的。从图4-6可以看出，乡村居民精神状况总体还是比较好的，只有少数的乡村居民出现了严重的精神压力问题。可以看出，乡村居民虽然生活条件上相比较城市而言比较差，但整体来讲，乡村居民还是比较乐观向上的。

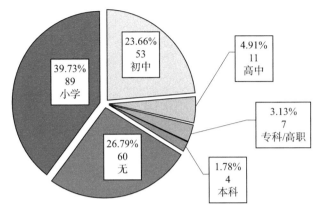

图4-5　乡村居民文化水平基本状况

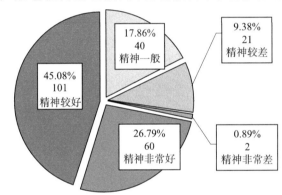

图4-6　乡村居民精神状况

3）家庭收入及来源（图4-7、图4-8）

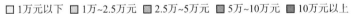

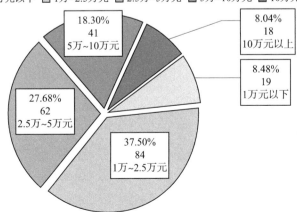

图4-7　乡村居民家庭收入基本状况

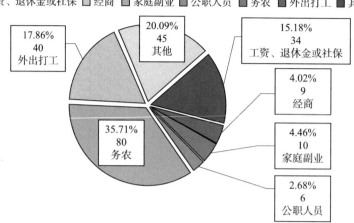

图 4-8　乡村居民收入来源基本状况

从图 4-7 可以看出，每年 1 万 ~2.5 万元家庭收入的比例是最大的，5 万元以下家庭约占据了总样本数量的 75%。整体来看，乡村居民较为贫穷，大多数人能保持基本的安居、生活，极少部分 1 万元以下的基本靠低保维持生存。从表 4-2 可以看出，收入最低的家庭年收入仅 1000 元，而最多的则到了 50 万元，前者是老年单身仅仅靠一些补助生活，后者则是住在乡村而在城镇做生意，贫富差距较大。从图 4-8 可以看出，其收入来源以务农为主，其次是外地打工。其余情况比较平均。

4）家庭成员数

经调查家庭人口数以 2 人居多，调查时发现，主要集中在 50 岁左右的中老年夫妇。最少的是 1 人，最多的家庭有 7 人。整体呈正态分布，具有统计学意义。

2. 解释变量在迁居意愿上的差异性分析

在本次的统计分析中，由于在问卷设计调查中，包含了一部分已经居住在集中新建居民点的乡村居民，如果将其与没有迁居的乡村居民共同进行分析，在迁居意愿的统计上不具有统计学意义，但是其实际迁居行动已经表现出了其迁居意愿，依然具有一定的客观分析价值，但在本次的统计及下一步的二元 Logistics 回归分析中均未纳入已迁居新乡村居民的问卷，因此分析样本从 224 降到了 170 份。

①年龄。从表 4-3 中可以看出，不想迁居的乡村居民比想迁居的乡村居民平均年龄要高 2 岁多。但是在表 4-4 中可以看出，年龄在已假设方差齐性中的列文方差具有明显显著性，而在未假设方差齐性中无法通过 T 检验显著性（双尾）验证。因此，年龄在迁居意愿上并没有统计学上的差异，不能作为二元 Logistic 回归分析的解释变量。②性别。表 4-3 中，性别在不同的迁居意愿上具有不同的平均值，但是在表 4-4 中，

在已假设方差齐性的列文方差检验显著性及 T 检验显著性（双尾）均未通过验证，因此性别在不同的迁居意愿上没有统计学差异，不能作为二元 Logistic 回归分析的解释变量。③文化水平。表 4-3 中，文化水平在不同的迁居意愿上平均值差异不大，同时在表 4-4 中，在已假设方差齐性中列文方差具有明显显著性，而在未假设方差齐性中未通过 T 检验显著性（双尾）验证。因此，文化水平在不同的迁居意愿上没有显著的统计学差异，不能作为二元 Logistic 回归分析的解释变量。④精神状况。表 4-3 中不想迁居的乡村居民的精神状况得分低于想迁居的，但在 K6 精神压力量表的评价中均属于较良好状态。同时在表 4-4 中，列文方差及 T 检验（双尾）均通过了显著性验证，因此精神状况在不同的迁居意愿中表现是有显著的差异的，因此可以作为二元 Logistic 回归分析的解释变量进行下一步分析。⑤家庭成员数。表 4-3 中，不想迁居的家庭成员数平均值明显大于想迁居的，同时在表 4-4 中，家庭成员数无论是在列文方差检验中还是在 T 检验（双尾）中均通过了极显著的验证。因此，家庭成员数在不同的迁居意愿中表现具有显著差异性，因此可以作为二元 Logistic 回归分析的解释变量进行下一步分析。⑥家庭收入。表 4-3 中，可以看出不想迁居的家庭收入明显高于想迁居的。但是在表 4-4 中，在已假设方差齐性的显著性检验中为 0.000，观察期在未假设方差齐性的显著性（双尾）检验中，仅通过了 10% 的显著性检验。家庭收入在不同的迁居意愿中差异表现不够显著，不能作为二元 Logistic 回归分析的解释变量，但其通过了 10% 的显著性验证，可以作为普通分析使用。⑦收入来源。在表 4-3 与表 4-4 中，收入来源在不同迁居意愿上均未表现出具有统计学意义的显著性差异，不能作为二元 Logistic 回归分析的解释变量进行下一步分析。

解释变量 $X_1 \sim X_7$ 在迁居意愿上的统计表现　　　　　　　　　　表 4-3

解释变量	迁居意愿	样本数	平均值（E）	标准偏差	标准误差平均值
X_1 年龄	不想迁居	57	57.05	16.191	2.145
	想迁居	113	54.88	11.359	1.069
X_2 性别	不想迁居	57	1.54	0.503	0.067
	想迁居	113	1.39	0.490	0.046
X_3 文化水平	不想迁居	57	2.16	1.031	0.137
	想迁居	113	1.88	0.757	0.071
X_4 精神状况	不想迁居	57	6.91	4.120	0.546
	想迁居	113	9.12	4.192	0.394
X_5 家庭成员数	不想迁居	57	3.42	1.523	0.202
	想迁居	113	2.74	1.230	0.116

续表

解释变量	迁居意愿	样本数	平均值（E）	标准偏差	标准误差平均值
X_6 家庭收入	不想迁居	57	32263.16	32415.013	4293.473
	想迁居	113	24737.17	14320.528	1347.162
X_7 收入来源	不想迁居	57	3.47	2.791	0.370
	想迁居	113	3.12	2.695	0.254

解释变量 X_1~X_7 的迁居意愿独立样本 T 检验   表 4-4

解释变量	方差齐性假设情况	列文方差相等性检验		平均值相等性的 T 检验		
		F 检验	显著性	T 检验	自由度	显著性（双尾）
X_1 年龄	已假设方差齐性	16.397	0.000	1.017	168	0.310
	未假设方差齐性	—	—	0.908	84.651	0.366
X_2 性别	已假设方差齐性	1.902	0.170	1.925	168	0.056
	未假设方差齐性	—	—	1.908	109.912	0.059
X_3 文化水平	已假设方差齐性	6.757	0.010	2.020	168	0.045
	未假设方差齐性	—	—	1.829	87.381	0.071
X_4 精神状况	已假设方差齐性	0.000	0.987	−3.266	168	0.001
	未假设方差齐性	—	—	−3.285	114.192	0.001
X_5 家庭成员数	已假设方差齐性	6.515	0.012	3.124	168	0.002
	未假设方差齐性	—	—	2.914	93.856	0.004
X_6 家庭收入	已假设方差齐性	15.771	0.000	2.099	168	0.037
	未假设方差齐性	—	—	1.672	67.243	0.099
X_7 收入来源	已假设方差齐性	0.309	0.579	0.809	168	0.419
	未假设方差齐性	—	—	0.800	109.011	0.425

3. 乡村居民自身状况二元 Logistic 回归分析

在上述分析之后，乡村居民自身状况中仅有两个解释变量通过了独立样本 T 检验，精神状况与家庭成员数。在此基础上，以迁居意愿为被解释变量，进行了输入式的二元 Logistic 回归分析。

从表 4-5 中可以看出，本次二元 Logistic 回归模型拟合度较好，总体正确率达到了 74%。其中，尤其是在想迁居的乡村居民迁居意愿中预测值与观测值拟合度达到了 93.8%，具有较好的统计学意义。同时在表 4-6 中可以看出，乡村居民自身状况中的 X_4 精神状况评分与 X_5 家庭成员数在回归模型中均表现出了极强的显著性。其中，X_4 精神状况的系数是 0.124，$\exp(B)$ 大于 1，意味着精神状况得分越低，精神状况越好的乡村居民越倾向于不迁居，精神状况越差的乡村居民越倾向于迁居。X_5 家庭成员数的回

回归模型预测值准确率验证表 表 4-5

观测值		预测值		
		迁居意愿		百分比正确率（%）
		不想迁居	想迁居	
迁居意愿	不想迁居	20	37	35.1
	想迁居	7	106	93.8
总体百分比		—	—	74.1

二元 Logistic 回归模型参数及其显著性 表 4-6

解释变量 / 常量	回归系数 B	标准误差 S.E.	概率值 Wald	自由度	显著性	优势比 exp（B）
X_4 精神状况	0.124	0.045	7.715	1	0.005	1.133
X_5 家庭成员数	−0.327	0.125	6.823	1	0.009	0.721
常量	0.696	0.563	1.525	1	0.217	2.006

归系数为 −0.327，exp（B）小于 1，意味着家庭成员数越多的乡村居民越倾向于不迁居。常量并没有体现出明显的显著性。因此，本次回归模型可以得出公式（4-2）：

$$P=\frac{\exp（0.696+0.124\times X_4\text{精神状况}-0.327X_5\text{家庭成员数}）}{1+\exp（0.696+0.124\times X_4\text{精神状况}-0.327X_5\text{家庭成员数}）}\qquad（4-2）$$

式中　P——预测值概率；

　　　exp——自然常数 e 为底的指数函数；

　　　X_4——精神状况评分；

　　　X_5——家庭成员数评分。

其中，若是预测值 P 的概率大于 0.5，则样本被归于有迁居意愿的组别；相对地，如果预测值 P 的概率小于 0.5，则样本被归于不想迁居的组别。

4. 总结与讨论

乡村居民自身状况中仅有 X_4 精神状况与 X_5 家庭成员数对乡村居民的迁居意愿产生了显著的影响，其余解释变量均不对迁居意愿产生显著的影响。与 H_1 假设稍有不同，并不是所有的乡村居民自身状况都会影响其迁居意愿的变化。

其中，精神越好的乡村居民越倾向于不愿迁居。分析认为，这与之前的研究并不违背。精神状况越好的居民代表其心理越健康，对生活充满积极乐观的态度，因而对周边环境容易拥有满足的心态，其对迁居改变其自身周边环境的意愿并不强烈。相反，精神状况越差的居民，生活压力较大，对周边环境容易产生讨厌及反感的情绪，对任何事物均不满意，其对迁居新建居民点的意愿较为强烈，认为这会改善自己的生存环境。

家庭成员数越大越倾向于不迁居，分析认为，家庭成员数越大，代表着其迁居的成本越大。因为，首先家庭成员越多，代表着家庭整体性越强，对原有的住宅的感情就越深，可能影响其迁居的欲望；集中新建居民点的房屋户型设计面积相比较其原居住农村住宅小，不适合大家庭一起居住，或怕引起家庭矛盾，而如果想达到原有的居住面积水平，需要付出更多的经济成本，使其降低了迁居意愿；同时，在现实中，实际迁居过程往往与土地补偿的多少有关系，往往无法满足大家庭的迁居需要，因而降低了大家庭的迁居意愿；还有一个可能性就是，家庭成员数越大代表其老人越多，同时外出打工人员越少，因此家庭收入可能就越少，同时会降低其迁居意愿。

X_1 年龄、X_2 性别、X_3 文化水平、X_6 家庭收入、X_7 收入来源均没有表现出与迁居意愿相关的现象。其中，家庭收入没有显著影响迁居意愿令人意外，同时也与其他人的研究不同。经分析认为，原因首先是在调查问卷中，去掉了已经居住集中居民点的样本；其次是在问卷的设计及调研过程中，本书强调了迁居的欲望，即是否想迁居进新建居民点，而不是强调是否打算迁居，从而产生了这样的结果。

4.4.2　乡村居民居住状况对迁居意愿的影响分析

在本小节的研究中，首先对关于乡村居民居住状况的5个解释变量 X_8 基础设施满意度、X_9 交通便利满意度、X_{10} 住宅毗邻道路级别、X_{11} 进城区所花费时间、X_{12} 现有房屋满意程度进行了描述性统计分析，并通过饼状图表示，分析了单个解释变量的具体情况。随后，对5个解释变量针对被解释变量"迁居意愿"进行了独立样本 T 检验的均值、方差分析，研究5个解释变量是否在"迁居意愿"上存在显著差异。最后，在独立样本 T 检验的基础上，进行了二元 Logistic 回归分析，判定解释变量是否显著影响被解释变量。

1. 乡村居民居住状况统计分析

1）基础设施满意度

从图 4-9 可以看出，乡村居民对基础设施满意程度基本呈现满意与不满意对半分的情况。总的来说，主要集中在比较满意和比较不满意，乡村的基础设施发展非常快，非常满意已经超过了非常不满意的接近两倍。但同时也说明，乡村发展较为不均衡，并不是所有的乡村居民都享受到了基础设施改善的好处。

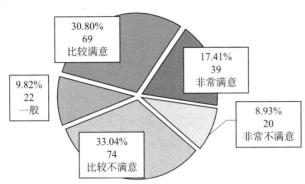

图 4-9　乡村居民基础设施满意度

2）交通满意度与住宅毗邻道路级别

从图 4-10 和图 4-11 中可以看出，认为交通非常不便利和住宅毗邻道路为土石路的比例仅仅分别为 3% 和 13% 左右，毗邻村级沥青混凝土道路已经超过了调研样本的

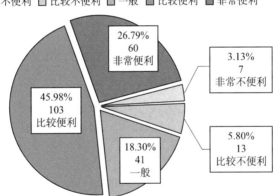

图 4-10　乡村居民交通便利满意度

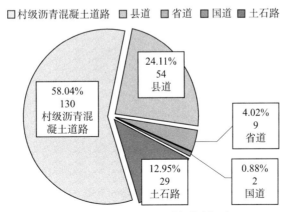

图 4-11　乡村居民住宅毗邻道路级别

一半以上，可以看出在近些年，政府主导下的"村村通公路"已经取得较为不错的成绩。整体来说，乡村居民对交通便利满意程度较为良好，分析认为可能是其主观要求较低，村村通硬化路已经极大地改善了出行条件，因此，对交通条件整体比较满意。

3）进城所需时间

从图4-12中可以看出，调研地区乡村居民与城区的时间距离主要集中在30min~2h。进城区所需时间综合了实际距离与道路级别，还有公共交通设施的影响，更能反映乡村居民所居住的地方距离城市有多远。时间距离更能影响乡村居民在心理上与城市的距离，因而可能会影响其迁居意愿。

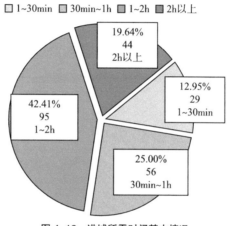

图4-12　进城所需时间基本情况

4）居住房屋满意度

在总样本中有一部分已经搬入了集中新建居民点，也有一部分在新建社区旁进行了房屋改造或重建，从图4-13中可以看出，对自身房屋满意度较高的比较多。但是在

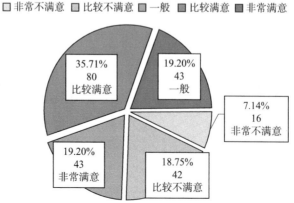

图4-13　乡村居民居住房屋满意度

调研过程中也发现，依然有很多乡村居民并没有条件改善自己的房屋，甚至还有居住在临时搭建的简易构筑物中生活。

2. 居住状况解释变量在迁居意愿上的差异性分析

在本次的统计分析中，由于在问卷设计调查中包含了一部分已经居住在集中新建社区的乡村居民。但在本次的统计及下一步的二元 Logistics 回归分析中均不纳入已迁居新居民点居民的问卷，因此本次分析样本数量为 170 份。

① X_8 基础设施满意度。从表 4-7 中可以看出不想迁居的乡村居民对基础设施的满意度的平均值要高于想迁居的，同时结合表 4-8 来看，X_8 的显著性（双尾）0.000 明显通过了 T 检验，因此，可以认为 X_8 在迁居意愿上具有明显差异，可以作为下一步二元 Logistics 回归分析的解释变量。② X_9 交通便利满意度。从表 4-7 中可以看出不想迁居的乡村居民对交通便利的满意度比想迁居的高，同时结合表 4-8 来看，X_9 的显著性（双尾）0.000 明显通过了 T 检验，因此，可以认为 X_8 在迁居意愿上具有明显差异，可以作为下一步二元 Logistics 回归分析的解释变量。③ X_{10} 住宅毗邻道路级别。从表 4-7 中可以看出，不想迁居的乡村居民住宅毗邻道路级别要比想迁居的高，同时结合表 4-8 来看，X_{10} 的显著性（双尾）0.003 明显通过了 T 检验，具有统计学差异性，可以作为下一步二元 Logistics 回归分析的解释变量。④ X_{11} 进城所需时间。从表 4-7 的平均值来看，不想迁居的乡村居民进城所需时间明显要大于想迁居的。结合表 4-8 来看，进城所需时间无论在列文方差还是双尾 T 检验均具有极为明显的显著性，因此 X_{11} 进城所需时间在不同迁居意愿上具有明显的统计学差异，可以作为下一步二元 Logistics 回归分析的解释变量。⑤ X_{12} 房屋条件满意度。从表 4-7 的平均值来看，不想迁居的乡村居民对房屋的满意度要远远高于想迁居的，结合表 4-8 来看，房屋条件满意度无论在列文方差还是双尾 T 检验均具有极强的显著性，因此 X_{12} 房屋条件满意度在不同迁居意愿上具有显著的统计学差异，可以作为下一步二元 Logistics 回归分析的解释变量。

解释变量 $X_8 \sim X_{12}$ 的迁居意愿差异性分析 表 4-7

解释变量	迁居意愿	数量	平均值（E）	标准偏差	标准误差平均值
X_8 基础设施满意度	不想迁居	57	3.58	0.925	0.122
	想迁居	113	2.33	1.073	0.101
X_9 交通便利满意度	不想迁居	57	4.11	0.673	0.089
	想迁居	113	3.45	1.018	0.096

续表

解释变量	迁居意愿	数量	平均值（E）	标准偏差	标准误差平均值
X_{10} 住宅毗邻道路级别	不想迁居	57	2.33	0.715	0.095
	想迁居	113	1.98	0.707	0.066
X_{11} 进城所需时间	不想迁居	57	2.37	0.837	0.111
	想迁居	113	3.23	0.668	0.063
X_{12} 房屋条件满意度	不想迁居	57	4.14	0.743	0.098
	想迁居	113	2.62	1.029	0.097

解释变量 $X_8 \sim X_{12}$ 的迁居意愿独立样本 T 检验   表 4-8

解释变量		列文方差相等性检验		平均值相等性的 T 检验		
		F 检验	显著性	T 检验	自由度	显著性（双尾）
X_8 基础设施满意度	已假设方差齐性	0.410	0.523	7.510	168	0.000
	未假设方差齐性	—	—	7.886	128.268	0.000
X_9 交通便利满意度	已假设方差齐性	16.464	0.000	4.388	168	0.000
	未假设方差齐性	—	—	4.999	155.937	0.000
X_{10} 住宅毗邻道路级别	已假设方差齐性	2.738	0.100	3.044	168	0.003
	未假设方差齐性	—	—	3.032	111.239	0.003
X_{11} 进城所需时间	已假设方差齐性	6.627	0.011	−7.276	168	0.000
	未假设方差齐性	—	—	−6.759	92.967	0.000
X_{12} 房屋条件满意度	已假设方差齐性	20.529	0.000	9.923	168	0.000
	未假设方差齐性	—	—	11.020	147.749	0.000

3. 乡村居民居住状况二元 Logistics 回归分析

在上述分析之后，乡村居民居住状况中有三个解释变量通过了独立样本 T 检验，即基础设施满意度、进城所需时间和房屋条件满意度。因此在此基础上，以迁居意愿为被解释变量，进行了输入式的二元 Logistics 回归分析。

从表 4-9 中可以看出，本次二元 Logistics 回归模型拟合度非常好，总体正确率达到了 88.2%。其中，尤其是在想迁居的乡村居民迁居意愿中预测值与观测值拟合度达到了 91.2%，具有较好的统计学意义。同时在表 4-10 中可以看出，乡村居民居住状况中的 X_8 基础设施满意度、X_{11} 进城所需时间、X_{12} 房屋条件满意度在回归模型中均通过了显著性验证。

回归模型预测值准确率验证表（$X_8 \sim X_{12}$） 表 4-9

观测值		预测值		
		是否想迁居		百分比正确（%）
		不想迁居	想迁居	
是否想迁居	不想迁居	47	10	82.5
	想迁居	10	103	91.2
总体百分比（%）		—	—	88.2

注：分界值为 0.500。

二元 Logistics 回归模型参数及其显著性（$X_8 \sim X_{12}$） 表 4-10

解释变量	系数值 B	标准误 S.E.	卡方值 Wald	自由度	显著性	常数 exp（B）
X_8 基础设施满意度	−0.454	0.223	4.141	1	0.042	0.635
X_9 交通便利满意度	0.090	0.328	0.075	1	0.784	1.094
X_{10} 住宅毗邻道路级别	−0.142	0.407	0.121	1	0.728	0.868
X_{11} 进城所需时间	0.878	0.343	6.535	1	0.011	2.406
X_{12} 房屋条件满意度	−1.475	0.345	18.301	1	0.000	0.229
常量	4.688	1.839	6.496	1	0.011	108.643

其中，X_8 基础设施满意度的系数是 −0.454，exp（B）小于 1，代表对基础设施满意度越高的乡村居民越倾向于不迁居。X_{11} 进城所需时间的回归系数为 0.878，exp（B）大于 1，意味着进城所需时间越多的乡村居民越倾向于迁居。X_{12} 房屋条件满意度回归系数为 −1.475，exp（B）小于 1，意味着房屋条件满意度越高的乡村居民越倾向于不迁居。X_9 交通便利满意度的回归系数为 0.090，exp（B）大于 1，意味着乡村居民交通满意度越高越倾向于迁居，但是其并没有通过 5% 的显著性检测，其并不能真正影响乡村居民迁居意愿。同理，X_{10} 住宅毗邻道路级别亦没有通过 5% 的显著性检测，所以没有统计学意义，不能作为影响乡村居民迁居意愿的影响因素。

模型回归常量通过了 5% 的显著性检验，因此本次回归模型可以得出公式（4-3）。

$$P = \frac{\exp（4.688 - 0.454X_8 + 0.090X_9 - 0.142X_{10} + 0.878X_{11} - 1.475X_{12}）}{1 + \exp（4.688 - 0.454X_8 + 0.090X_9 - 0.142X_{10} + 0.878X_{11} - 1.475X_{12}）} \quad （4-3）$$

式中　P——预测值概率；

　　　exp——自然常数 e 为底的指数函数；

　　　X_8——基础设施满意度；

　　　X_9——交通便利满意度；

　　　X_{10}——住宅毗邻道路级别；

X_{11}——进城所需时间；

X_{12}——房屋条件满意度。

若是预测值 P 的概率大于 0.5，则样本被归于有迁居意愿的组别；相对地，如果预测值 P 的概率小于 0.5，则样本被归于不想迁居的组别。

4. 总结与分析

从二元 Logistics 回归分析中，可以看出乡村居民居住状况中有 X_8 基础设施满意度、X_{11} 进城所需时间和 X_{12} 房屋条件满意度对乡村居民的迁居意愿产生了显著的影响，其余解释变量均不对迁居意愿产生显著的影响。与 H_2 假设基本一致，但并不是所有的乡村居民居住状况都会影响其迁居意愿的变化。

其中，影响乡村居民迁居意愿最大的因素是 X_{12} 房屋条件满意度，也就是说乡村居民对自己房屋是否满意很大程度上决定了其是否想迁居的选择，对自身房屋越满意，越不愿意迁居，对自身房屋越不满意，越希望迁居。说明乡村居民对于迁居的态度还是以改善自己的物质居住条件为主。虽然社会发展迅速，乡村生活条件越来越好，但仍然处于一个较低的生活水平。新建集中居住的居民点，全部是三居室以上户型及钢筋混凝土结构。而其他乡村居民的房屋很多是砖砌或土砌的老旧建筑，还有很多危房和棚户。重庆市山地地区乡村属于较贫困地区，大部分的农屋条件均较差，在之后的乡村聚居发展中还应将以改善乡村居民居住房屋条件作为主要发展路线。

X_{11} 进城所需时间是影响乡村居民迁居意愿的第二大因素，说明城镇对乡村居民吸引力巨大。进城所需时间是乡村居民距离城市的空间距离或距离城市的时间距离，其实也是心理距离。或许是城市生活方式、基础设施、教育、医疗、娱乐等因素吸引着乡村居民，也或许是子女在城区而导致心理上的向往，但不可否认，城市化确确实实吸引着乡村居民进城，因而强烈地影响着乡村居民的迁居意愿，距离城市越近的乡村居民迁居到集中新建居民点的欲望越小，反之则迁居欲望越大。

X_8 基础设施满意度是影响乡村居民迁居意愿的第三大因素，其与迁居意愿呈现反向关系，说明农村基础设施条件较差成了乡村自身的推力，而将乡村居民推向了城区或集中新建居民点。重庆市乡村的各类基础设施在近些年更新较快，改善也较大，很多村均已通自来水、电、燃气、网络等，也有很多村新建了很多体育健身设施，但并不均衡。不但每个区的乡村建设程度不同，而且同一个区内不同的镇中也是差异较大。尤其是重庆农村多处山地散居状态，基础设施修缮的代价太大，并没有办法做到让所有乡村居民都满意。

不同的是，X_9 交通便利满意度和 X_{10} 住宅毗邻道路级别均没有显著地影响乡村居民的迁居意愿。此处与预想稍有不同，但根据研究者的调研经验，在政府推行"村村通公路"政策后，现阶段重庆市乡村中硬化道路确实非常发达、方便，极大地方便了出行，改善了乡村居民的交通条件，使得交通便利程度、住宅毗邻道路级别在乡村均质化，无法明显地影响乡村居民的迁居意愿。

4.4.3 集中新建居民点对迁居意愿的影响研究

基于之前两小节的研究分析中，乡村居民的精神状况、家庭成员数、基础设施满意度、进城区所需时间、自身房屋满意度五个因素强烈影响着其主观个人迁居意愿，有数据及研究认为集中新建居民点可以明显改善乡村居民精神状况、基础设施满意度、自身房屋满意度。这三个因素也主要代表着"迁移法则"中的农村的推力，因此本小节的主要研究目的是集中新建居民点是否降低了农村对人口的推力，从而改变了乡村居民的个人迁居意愿。

首先，通过解释变量 X_{13} "最希望居住地"对调查样本中乡村居民最理想化的居住地进行了统计分析，判断是城市、集中新建居民点还是原居住地。其次，乡村"空心化"的原因主要是城市化的吸引力，将乡村大量的人口拉到了城市生活，而又以所谓"农民工"为主。因此，非常多的乡村居民外出打工导致无一人在家中，丢失了大量的分析样本。所以，本书主要强调调查样本中农村家庭外出打工的情况，X_{14} 家庭成员外出打工数量、X_{15} 外出打工者回村意愿、X_{16} 外出打工者想回村的原因、X_{17} 外出打工者不想回村的原因，并以此结合前两小节研究，综合判断城市的拉力与农村的推力。最后，本书使用解释变量 X_{18} 集中新建居民点是否影响外出打工者回村意愿研究分析，结合上述研究，研究集中新建居民点对迁居意愿的影响。

1. 乡村居民最希望居住地统计分析

从图 4-14 中，可以看出调查样本中的乡村居民倾向于居住在集中新建居民点的最多，其次是自己加以改造后的房屋。希望居住市郊区的最少，居住市区的与原居住地的比例相同。我们可以看出，集中新建居民点对于很多乡村居民非常具有吸引力。很多乡村居民是因为自身房屋条件太差和基础设施不满意而希望迁居新建居民点，因此集中新建居民点对于改善乡村居民的生活条件是非常有效的，同时会吸引乡村居民改变迁居的意愿。

图 4-15 中，将调研样本中乡村居民依据与集中新建居民点关系分成了四类，"无关系"（即行政村中没有集中新建居民点）、"享受新村基础设施""没享受新村基础设

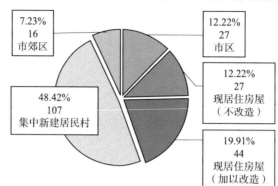

图 4-14 乡村居民最希望居住地调查分析

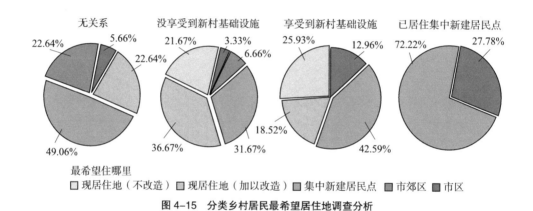

图 4-15 分类乡村居民最希望居住地调查分析

施""已居住集中新建居民点"。可以看出，希望居住市区的比例最大的是已住进集中新建居民点的乡村居民，同时，其70%多的居民对新建居民点比较满意。从图中可以看出，与集中新建居民点关系越密切，想居住进城区的比例越大，然而这并不代表集中新建居民点增大了农村的推力使其倾向于迁居城区。因为与集中新建居民点关系越密切的乡村居民希望居住新建居民点的比例增加得更大。

综合分析，集中新建居民点依然是调查样本中乡村居民最希望的居住地，同时其增加了乡村居民对城市生活的向往。

2. 乡村家庭外出打工情况统计分析

在实际调研过程中，乡村房屋空置率非常高，很多均为全家人在外打工，常年不在家。同时，房屋中有人居住的家庭亦有很多外出打工者。这就是农村人口非农化转移即向城镇迁徙而引起的"人走屋空"的一种现象，这是中国现阶段绝大部分农村的发展现状[139]。在研究样本中，乡村居民的个人意愿代表着乡村聚居未来的发展趋势，而现阶段，在外打工者却已经"用脚投票"进行了城镇与农村的选择。在未来一段时间，外出打工者的回乡意愿依然影响着乡村聚居的未来发展。

如图4-16所示，调查样本中，大部分家庭中均有外出打工人员，其中以1~2个的居多，其平均值为1.32个，即每个家庭里有1.32个外出打工者。其中，未包含全部外出打工的家庭，因为无法被调查到。由于调查样本的缺失，因此本调查仅作为辅助性的分析及定性分析，并不适用回归等定量分析办法。在图4-17中可以看到，外出打工者想回乡与不想回乡的人群数量基本持平。在图4-20中可以看到调查样本中，年龄越大的居民家庭中有外出打工者的可能性越大，说明年轻人均倾向于离家外出打工。

在图4-18和图4-19中可以看到，外出打工者想回村与不想回村的原因影响最多的都是家庭原因。有的是需要赡养老人，有的是因为抚养小孩，但也有一部分原因是

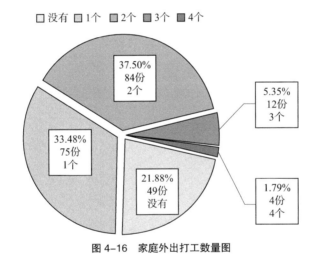

图4-16　家庭外出打工数量图

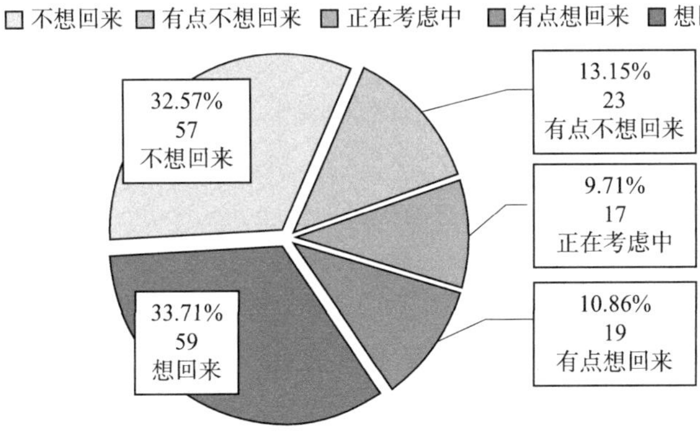

图4-17　外出打工者回村意愿示意图

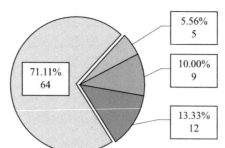

图 4-18　外出打工者想回村意愿分析

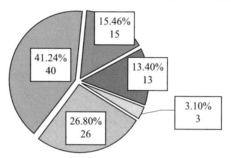

图 4-19　外出打工者不想回村意愿分析

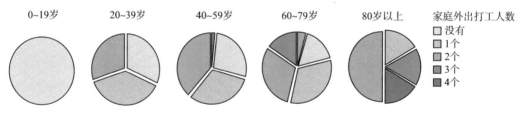

图 4-20　不同年龄段的农村家庭外出打工人数

调查样本中的中老年人对外出子女的一种幻想（实际子女并不一定想回村）。但是两者比较后，明显地可以看出：①想回村的原因除了家庭因素，其他均为农村降低了其推力，而城市并没有明显减少拉力；②不想回村的原因，依然是城市的拉力巨大，而农村的推力依然明显；③想回村受到家庭因素影响比不想回村的家庭影响大，说明不想回村的外出打工者受到城市拉力与农村推力非常明显。综合以上三点可以看出，城市对年轻的乡村居民的吸引力明显大于农村自身对乡村居民的推力，并且很多乡村居民已经通过自身行动移居到了城市，证明了这一点。

3. 集中新建居民点对外出打工者的影响力分析

由于无法准确得知外出打工的真正意愿，只能通过调查样本中，对其家人的预测进行分析。因此，可能会有一定的误差，因为在问卷调查中，年老的家人可能因为家庭因素或自己的想象，提高了外出打工者想回村的意愿。从图 4-21 中可以看出，集中新建居民点有效地提高了外出打工者想回村的意愿。这与预测相一致，因为集中新建居民点改善了基础设施条件、道路交通、自身房屋条件，减少了乡村的推力，与之前研究一致。

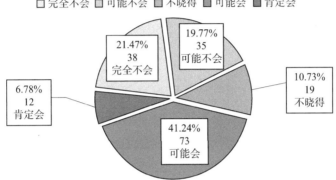

图 4-21　集中新建居民点是否会影响外出打工者回村意愿

4. 总结与分析

调研样本中的乡村居民是经过了一段时间城镇化吸引后没有迁居城市或已迁回村的乡村居民，调研样本中的乡村居民最希望居住地首选是集中新建居民点合情合理。同时，说明乡村无论是基础设施与房屋条件均未达到乡村居民的理想状态，而乡村居民自身条件因为年龄或工作技能问题无法迁居城市，所以倾向于居住在集中新建居民点。同时，认为集中新建居民点会增加外出打工子女或家人回村的意愿，就更倾向于迁居集中新建居民点。因此，预期假设 H_3 是成立的。

在乡村家庭外出打工情况的分析中，虽然想回村的数量与不想回村的数量是基本一致的，但是其原因却有所不同，经过分析认为，预期假设 H_4 只能一部分正确。即现阶段对已经外出打工的乡村居民来说，城镇的拉力大于乡村自身的推力。相反，对现阶段仍然居住在乡村的居民来说，乡村的推力大于城镇的拉力。

4.5　乡村聚居微观动力机制构成与分析

乡村聚居作为一个社会产物，在国家新型城镇化政策战略进程中，无论是人口结构还是空间格局均发生着剧烈的变革。本书认为在新时期的乡村聚居发展阶段，"以人为本"是研究乡村聚居发展的必经之路。在"农户地理论"的指导下，通过使用"用脚投票"理论的思考，认为乡村居民必然会在考虑自身利益的前提下，进行必要的迁居行为。而乡村居民作为乡村聚居的实施主体，其期望迁居的目的地决定着乡村聚居的发展趋势。因此，影响乡村居民作出迁居决定的各类要素则成为乡村聚居的发展动力。

　　因此，经过上述实证分析，本章节将乡村聚居发展微观动力机制作以总结，如图 4-22 所示。

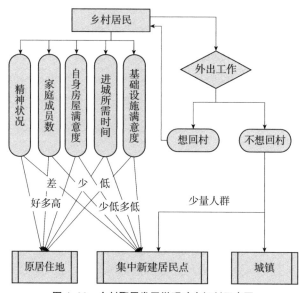

图 4-22　乡村聚居发展微观动力机制示意图

　　研究认为，精神状况越好，家庭成员数越多，自身房屋条件越好，进城所需时间越短，基础设施满意度越高，乡村居民越倾向于居住在原有居住地；精神状况越差，家庭成员数越少，自身房屋条件越差，进城所需时间越长，基础设施满意度越差，乡村居民越倾向于居住在集中新建居民点。由于在调研中发现，大部分年轻人已经以实际行动"用脚投票"进入城镇工作或生活。而且在乡村中生活的居民距离城镇越近越倾向于不迁居。调研中仅有一部分认为，集中新建居民点会降低其进入城镇的愿望，说明城镇对乡村居民的拉力非常大。

　　所以，乡村居民迁居意愿预测乡村聚居发展的模式不外乎有两种：第一，在原有的村庄聚居基础上生活，在城镇化的影响下乡村聚居慢慢衰落，逐渐达成一种"推－拉"平衡的临界状态，此时乡村聚居消失或者得以延续；第二，由原有的村庄聚居迁居集中新建居民点，在城镇化的影响下逐渐达成一种"推－拉"平衡的临界状态，此时乡村聚居消失或者得以蓬勃发展。

4.6 本章小结

本章主要在微观层次，即乡村居民个人意愿方面，采用问卷调查数据搜集方法，使用描述性统计分析、方差分析、二元 Logistics 回归分析方法，解决并回答了预期的假设，构建了以乡村居民迁居意愿分析的微观层次乡村聚居发展动力机制。

本章节在文献综述和预调研的基础上，选取自身状况要素：X_1 年龄、X_2 性别、X_3 文化水平、X_4 精神状况、X_5 家庭成员数、X_6 家庭收入、X_7 收入来源、X_8 基础设施满意度、X_9 交通便利满意度、X_{10} 住宅毗邻道路级别、X_{11} 进城所需时间、X_{12} 现有房屋满意度、X_{13} 最希望居住地、X_{14} 家庭成员外出打工数量、X_{15} 外出打工者回村意愿、X_{16} 外出打工者想回村的原因、X_{17} 外出打工者不想回村的原因、X_{18} 集中新建居民点是否影响外出打工者回村生活的意愿作为本书的解释变量，研究乡村居民的个人迁居意愿。

研究发现，乡村居民自身状况要素中仅有 X_4 精神状况、X_5 家庭成员数显著影响了乡村居民的迁居意愿，部分验证了 H_1 假设，认为自身状况是影响乡村居民迁居意愿因素之一；乡村居民居住状况要素中 X_8 基础设施满意度、X_{11} 进城所需时间、X_{12} 现有房屋满意度显著影响了乡村居民的迁居意愿，部分验证了 H_2 假设，认为居住状况是影响乡村居民迁居意愿的因素之一；调查样本中乡村居民最希望居住地是集中新建居民点，集中新建居民点很可能会影响外出打工者迁回村的意愿验证了 H_3 假设，认为集中新建居民点是乡村居民迁居意愿因素之一；同时提出了在外出打工人群中城市的拉力大于农村的推力，但是在现阶段的调研人群中，自身房屋状况影响迁居意愿最大，因此认为农村自身的推力才是最大的影响力，部分验证了 H_4 假设。

最后，根据研究结果，进行了乡村聚居微观动力机制构建与分析，认为现阶段乡村聚居的衰落不是最终状态。其最后会在乡村居民的"用脚投票"中，慢慢与城镇化的吸引力达成一种饱和平衡的状态，但增加与城镇的协同发展可能会促进乡村聚居快速达到平衡的状态。

5

基于县域人口迁移空间计量分析的中观动力机制研究

5.1　引言

城镇化的发展动力机制研究中通常认为：农业生产力发展是城镇化的原生动力；工业化是城镇化的直接动力；第三产业是城镇化的后续动力；经济发展推动了城镇化的发展，城镇化促进了经济发展[100]。张五常认为中国县级竞争是中国近些年经济发展成功的主要因素，地方政府的竞争促进了地方经济的发展。通常认为经济增长促进了城镇化的发展，而城镇化则间接地、整体地改变了乡村聚居的发展轨迹。本书在上一章，对乡村居民进行了微观的实证调研分析后发现，很多影响因素亦或多或少与城镇化相关，如距离城区的距离等。

因此，根据其分析结论，结合相关地域竞争理论、人口迁移理论和现有空间计量研究进展，本书认为有必要在中观层次，即县域空间，分析乡村人口与城镇人口的变化规律，并分析经济产业、固定资产投资（拉动经济发展的"三驾马车"之一）是如何影响乡村居民的迁移意愿，从而影响乡村聚居发展，以及如何在县域层次构成乡村聚居发展动力机制的。

5.2　相关研究文献综述

5.2.1　城乡人口迁移研究综述

正如前述章节中认为城镇化是城镇聚居发展的代言词，影响着乡村人口迁移，从而影响着乡村聚居的发展。人口迁移作为城镇化的重要动力指标，国内外已有相当数量的研究考察了影响人口迁移的因素，最早的关于人口迁移的系统性研究出现在19世纪，E.G.雷文斯坦（E.G. Ravenstein）认为人们进行迁移的主要目的是改善自己的经济状况，并对人口迁移的机制、结构、空间特征规律分别进行了总结，并在其著名的"迁移法则"中提出了下列观点：城乡人口迁移具有阶段性特点；迁移规模与距离呈负相关，与交通运输技术的进步和工商业发展呈正相关；拉力对迁移的影响大于推力，其中最主要的为经济因素[140, 141]。1938年，赫伯尔第一次提出"推拉"理论（Push and Pull theory）概念，他认为人口迁移是由一系列"力"引起的，一种为推力，反之为拉力，人口迁移是由于迁出地对人的推力或排斥力和迁入地的拉力或吸引力共同作用的结果[142]。基于该理论，有学者进行了系统性改进，把影响迁移的因素分为四大类：一是迁移主体意识因素，包括中间阻碍因素、迁出和迁入地因素以及个人因素等；二是迁移规模；三是迁移流向；四是迁移者的特征，如性别、年龄、婚姻状况、教育程度等[143]。推拉理论还有许多量化模型，美国社会学家把"万有引力定律"引入，并将国际贸易中被广泛采用的引力模型引入到迁移研究中，形成了迁移的引力模型（Gravity model），该模型可以很好地拟合迁移行为，认为两地之间迁移人口与两地人口规模成正比，与两地之间距离成反比[144]。引力模型还存在很多其他学者的修正，该模型主要贡献在于使人口迁移的定量分析成为可能。国外许多学者引入教育水平、经济收入水平、失业率、人口年龄结构等社会经济因子对引力模型作出改进。蒂伯特则提出了居民通过迁移使自身利益最大化的"用脚投票"（voting with their feet）理论，认为该机制可以促使地方政府在公共服务设施提供上达成帕累托最优，而居民则倾向于迁往对其自身发展更有利的地区居住[96]。

其后，国外经济学家不断扩展了上述研究，其中的宏观研究大多针对人口的跨地区迁移，考察的范围包括地方财政支出差异、税率差异以及社会福利差异对不同群体居民迁移行为的影响[145-147]。有的从战争对迁移的影响作了研究，认为文化程度越高，收入越高，越会选择移民[148]。

当然，也有相当数量的研究分析了迁移人群自身特征对迁移意愿的影响[149]、对生活的满意度认知对迁居的影响等[150]。韩国有研究发现，其国家农产品价格的政府政策会影响其农村人口到城市迁居的意愿[151]。有研究人员对中国台湾1985—1990年的劳动力迁移数据进行了分析，认为经济社会的发展和全球化使其人口格局发生了改变，由原来的"南-北"两极发展，偏向于"北"单极发展，并且在此过程中，乡村区域人口流失非常严重[152]。中国台湾有研究人员试图考虑使用半导体的力学理论，研究地区迁移与其他交互现象的能量流的地理和社会环境[153]。

综上所述，无论对于乡村与城镇的人口迁移还是城镇与城镇之间的迁移，都有较多研究，且甚至有些争议，人口的迁移与经济、基础设施、政策等息息相关。而在我国（大陆地区）人口的迁移既与国外的一些特征相符合，如1978—1999年：城乡人口迁移主导中国城市人口增长的贡献；人口迁移与中国经济增长有因果关系等[154]。关于城镇拉力，费孝通（1986）也发现，农民收入中来自工业的比重增大，城镇非农产业的相对高收入，拉动了农村剩余劳动力转移[80]。有学者研究了城镇内的人口迁居原因等[155]。

研究中也具有中国的独特性，比如在中国的人口迁移研究中，往往对政策的影响较为重视，例如蔡昉等人就讨论了中国的户籍制度对居民迁移行为与城市化发展的影响[156]。

总的来看，在近现代关于人口迁移的研究多种多样，对于影响人口迁移的要素亦是日趋繁多，且研究的方法和切入点均有不同。而关于乡村与城镇间迁移的动力机制研究所依据的迁移基础理论仍然主要源于国外的"迁移法则"，认为乡村与城镇间的人口迁移是有规律可循的，且有很强的相互作用。因此，可以视为乡村聚居的发展与城镇聚居的发展相互依托、相互制约，城镇聚居的过程即为现在的城镇化。而根据人口迁移理论中的推拉理论，城镇化的动力机制在一定程度上亦是乡村聚居发展的动力机制，但是其动力机制是反向的。因此，在研究乡村聚居发展动力机制过程中，可以借鉴城镇化动力机制的研究方法、研究内容，以此完善乡村聚居发展动力机制的研究，丰富乡村聚居发展动力机制的研究内涵。

5.2.2　空间计量研究综述

本书中的空间计量学或空间计量分析等均为空间计量经济学的一种说法，因为此种分析方法不但可以在法学、政治学等人文学科应用，甚至可以在医学、地理学、植物学、土壤学、水文学和气候学等自然学科使用。因此，为了避免理解上的偏差，参考陈安宁的论述，将空间计量经济学称为空间计量学，以方便研究和解释[157]。但在本小节中仍然尊重空间计量经济学的创始，以空间计量经济学简述其理论。

空间计量经济学是计量经济学的一个分支，亦是空间经济学①的延伸[158]，是在地理学的基础上，空间经济学、计量经济学、计算机语言以及计量软件快速综合发展的结果。最初的发展，由于经济学中需要分析复杂大规模数据的相关性，当数据面临空间自相关时，标准的计量分析通常会失去其意义，使得空间计量经济学的空间分析得以被重视。

空间计量经济学是处理由区域科学模型统计分析中的空间所引起的特殊性的技术总称[159]。换句话说，空间计量经济学研究的是明确考虑空间影响，包括空间自相关和空间不均匀性的方法。同时，得益于 GIS 以及大型数据库的发展以及理论上的允许，空间计量经济学的优势开始凸显。空间计量经济学作为一个统计分析手段，其主要优

---

① 空间经济学（Spatial Economics）又称区位经济学，通俗认为，是研究经济活动在地理空间分布和合理布局的理论，或是关于资源在空间的配置选择以及经济活动在区位空间问题的学科。其起源于区域经济学，然后作为一个交叉学科其包含了区位论、区域经济学、城市经济学、经济地理学等多门学科。在长期的发展历程中，空间经济学一直处于分异与整合的动态变化之中。在后期的研究中，空间经济学的研究主体和研究对象开始发生变化，更注重交叉学科的研究以及空间经济学微观基础理论方面。交叉融合的方式首先是空间经济学内部理论观点的融合，而其中，城市经济学和区域经济学的融合已达到了很高的程度，当前的主要研究趋势是，纯粹的区域研究概念正在被逐步升级，以前的区域研究框架一般不再沿用，取而代之以城市为主体研究对象，开始更加重视。以城市为基本研究单位的区域研究模式中，不论是公共财政、交通管制，还是社会问题的解决与经济增长及可持续发展问题都纳入了城市经济学的研究框架之中。

势是对样本数据的空间自相关性的分析较为准确，并且可以研究区域间样本的相互影响效应。

结合本章节主要内容关注的就是关于人口迁移的问题。在近几年的研究发展中，有研究人员利用空间计量经济学手段分析人口迁移的研究并取得一些成功。有研究对中国各地区人口老龄化的空间分布特征进行了数据分析，发现我国人口老龄化区域溢出作用不仅客观存在，而且影响显著。这一发现不但拓宽了人口研究的理论方法，为我国城镇化发展中的乡村问题研究和政策制定提供了有益的借鉴。同时有研究利用空间计量经济学分析了日本"次贷危机"下劳动力流动对区域经济集聚的影响，从而提出我国应积极消除阻碍劳动力区域自由流动的体制性障碍的建议，以发挥劳动力流动对区域经济增长和均衡发展的重要推动作用[160]。研究证实了空间计量经济学方法在人口分布分析中的适用性，政府适当引导人口的迁移是非常显著有效的。

在城镇化规划研究中，城乡发展一体化是重中之重。在此方面，有学者认为中国县域之间存在着较强的空间集聚和空间依赖性，县域经济增长不仅与人力资本、城市化、工业化、信息化等因素密切相关，而且与相邻县域的经济增长之间存在一定的空间依赖性[161]。近年来空间计量经济学作为统计分析的方法，在其他社会学领域亦获得了快速发展，如在交通规划方面进行了一些研究[162, 163]；中国粮食生产区域格局变化研究[164]；农产品国际贸易自相关性分析[165]；科技创新对经济增长的作用分析[166]；对各省区环境污染进行的空间计量分析[167]；"医改"进程中地区间空间互动的推动作用分析[168]；刑事错案与刑事犯罪关系分析[169]；河南高速公路收费的优化分析[170]；城镇化与能源消耗的空间溢出效应分析[171]。

可以看出，空间计量经济学的适用范围非常广，在各行各业均可以利用其方法理论，并且对不同区域不同样本数据相互影响分析具有得天独厚的优势。本章节的县域空间以人口流动进行空间计量分析在方法理论上是适合的。

5.3　基本研究假设与研究方法

5.3.1　空间计量方法的选取与软件的使用

1. 方法的选取

一般来说，地理距离近的单元或现象之间，将必然存在某种联系，从而使得它们的观测值呈现正或负的相关性。"所有事物在空间上都与其他事物相关，但相近的事物比较远的事物更关联"（Everything is related to everything else, but near things are more related than distant things）[172]，被称为"地理学第一定律"（First Law of Geography）。正如空间自相关性即为测度邻近事物关联强度的方法与指标。

乡村聚居是指农村人口在空间上的集聚，在县域空间范围亦是空间行为。本章节因统计口径原因，统一为农村人口，本质与乡村人口相同。越相近的地域越有共同的行为习惯、文化风俗等，越相近的地域越具有更强的空间相关性。重庆地域范围内的不同县域的数据属于空间数据的一种，分析乡村聚居发展动力机制中的各区县统计数据时，空间计量学对此类数据分析具有得天独厚的优势。因此，本书中乡村聚居中观层次的发展动力机制分析将以空间计量经济学作为分析方法。

2. 软件的使用

GeoDa 软件是著名空间计量经济学家安瑟琳和他的同事开发的自由软件，它是一种可以使用空间栅格数据探求性进行空间数据分析的软件。这种软件集成了空间计量的所有基本模型，并且可以自由添加研究所需要的各类统计数据。

国内已经有很多研究应用了这一软件，并取得了一定的成果。比如用 GeoDa 软件分析新疆 2012 年县域人均 GDP 空间分布关联性、人均 GDP 水平与城市化的空间关联性[173]；运用 GeoDa，从时空变化的角度，分析了广东省城镇化过程中的经济结构和空间布局发展变化[174]。还有很多研究，就不在此一一列出，但可以看出，本软件可以完成本书所需要的空间计量模型分析，因此在本章节的研究中，使用了 Open GeoDa 软件的 1.86 版本。

5.3.2　要素的选取与数据的获取

本书采用的空间样本是选自 1997 年重庆市直辖之后的整体行政框架。直辖至今，重庆区县略有变动，至 2015 年有 23 个区、11 个县、4 个自治县，共 38 个行政区县。

1. 要素的选取

主要基于三个因素，首先，是依据本书的主要研究内容；其次，是依据现有的相关研究，筛选了一部分要素；再者，针对数据的获取方式及可靠程度，对相关要素进行了必要的、科学的转换。

1）依据本书的主要研究内容

本书提出乡村聚居发展动力机制在中观层次上的表现即为城镇化因素对农村人口流动的影响，因此本章节研究将农村人口的流动作为主要研究对象，并作为空间计量回归模型中的被解释变量。

2）相关研究中提取

在文献综述中，几乎所有的人口迁移研究均认为经济要素是迁移中最重要的影响因素之一。因此，选择经济产业要素作为本小节的解释变量之一。同时，现阶段在我国以及重庆市，固定资产投资作为主要拉动经济增长的手段亦不能忽视，本书已将固定资产投资要素作为解释变量之一。

在国内的研究中，对经济发展空间相关性的研究中，有的研究主要使用了人均GDP 数据[175]，有的使用了交通因素进行分析[176-178]。在关于城镇化动力机制的研究中，对经济规模、产业结构、城市用地、公共设施投入和开放程度进行了空间计量回归分析。在固定资产投资及基础设施等方面，使用交通基础设施对区域经济增长进行了空间计量分析，并得出了其影响模型，认为中国交通基础设施对区域经济增长的空间溢出效应非常显著[163]。也有研究对我国固定资产投资与经济增长的关系进行了实证分析[179]。

3）统计口径中选定

对于一个区域，一般来讲，当地的经济发展程度基本可以用国内生产总值（GDP）来表示。GDP 是国民经济核算的核心指标，也是衡量一个区域总体经济状况的重要指标。而某地区的经济发展程度基本可以使用人均国内生产总值（本书中以 PERGDP 作为其代表符号）表示。

固定资产投资是拉动当地经济产业发展的重要选择。而基础设施投资总额在近几年才开始正式单独列入重庆市统计数据中，所以使用基础设施投资数据并不能顺利地完成本章节研究。因此，本书使用全社会固定资产投资数据（本书中以 TIFA 作为其代表符号）来代替。全社会固定资产投资包含了基础设施的投资，并且其在 TIFA 中所占比例，在一定的行政区划内比较稳定。在本章节中主要研究数据的相关性，及趋势的演变，因此 TIFA 在一定程度上是可以代替基础设施投资在本章节研究中使用的。

在城镇化进程中，关于城镇化率的构成表示具有较大的争议。我国城镇化率一般以常住人口的城镇人口比例来表示，有人认为常住人口并不能真实反映我国城镇化率的真实情况，市民化率才真正地代表了我国的城镇化率，即户籍城市人口与户籍总人口的比值。在本章节研究中，主要选择使用常住总人口（本书中以 RESP 作为其代表符号）和常住城市人口（本书中以 URESP 作为其代表符号）。主要考虑本书主线研究是乡村聚居发展动力机制研究，即是乡村聚居的发展趋势，而常住人口更能表示城镇聚居与乡村聚居相互的影响格局。

因此，在以上逻辑基础上，选择了相关的指标作为被解释变量和解释变量：常住总人口（RESP）、常住城市人口（URESP）、常住农村人口（RRESP）、国内（地区）生产总值（GDP）、人均国内（地区）生产总值（PERGDP）、第一产业生产总值（PIGDP）、全社会固定资产投资（TIFA）、全社会固定资产投资密度（DTIFA）。实证研究中使用的变量及度量具体说明如下（表 5–1）：

经验模型变量的定义与度量　　　　　　　　　　　　　　　　表 5–1

变量名	符号	单位	定义与度量
常住总人口	RESP	万人	居住本乡镇街道，户口在本乡镇街道或户口在本乡镇街道，但人离开本乡镇街道不满半年的人；居住本乡镇街道，离开户口登记地半年以上的人；居住本乡镇街道，户口待定的人；原住本乡镇街道，现在国外工作、学习的人
常住城市人口	URESP	万人	在常住人口的度量范围内，居住在城区或镇区范围内的全部人口
常住农村人口	RRESP	万人	在常住人口的度量范围内，不属于城市人口的所有人口
人口密度	DRESP	万人/km²	人口密度是单位面积土地上居住的人口数。它是表示地区人口的密集程度的指标。此处以每平方千米的常住人口为计算单位
国内（地区）生产总值	GDP	万元	以常住人口计算，按市场价格计算的一个国家（或地区）所有常住单位在一定时期内生产活动的最终成果
第一产业生产总值	PIGDP	万元	农业、林业、畜牧业、渔业和农林牧渔服务业产值构成
人均国内（地区）生产总值	PERGDP	元	国内（地区）生产总值与此国家（地区）的常住人口相比进行计算
固定资产投资总额	TIFA	万元	以货币形式表现的在一定时期内建造和购置固定资产的工作量以及与此有关的费用的总称
固定资产投资密度	DTIFA	万元/km²	固定资产投资总额除以土地面积，是衡量区域土地利用率的重要标准

（1）常住人口（RESP）：在本章节中主要采取重庆市统计口径，人口调查中的定义为下列几类人：居住本乡镇街道，户口在本乡镇街道或户口在本乡镇街道，但人离开本乡镇街道不满半年的人；居住本乡镇街道，离开户口登记地半年以上的人；居住本乡镇街道，户口待定的人；原住本乡镇街道，现在国外工作、学习的人。其中，常住城市人口（URESP）是指居住在城区和镇区范围内的全部人口；常住农村人口（RRESP）是除上述人口以外的全部人口；人口密度（DRESP）是指单位面积土地上居住的人口数，它是表示地区人口的密集程度的指标。此处以每平方千米的常住人口为计算单位。

（2）国内（地区）生产总值（GDP）：是按市场价格计算的一个国家（或地区）所有常住单位在一定时期内生产活动的最终成果。三次产业的划分是世界上较为常用的产业结构分类，各国的划分并不一致，我国第一产业生产总值（PIGDP）是由农业、林业、畜牧业、渔业和农林牧渔服务业产值构成。人均国内（地区）生产总值

（PERGDP），即"人均GDP"，常作为发展经济学中衡量经济发展状况的重要指标，是最重要的宏观经济指标之一，也是了解和把握一个国家（地区）的宏观经济运行状况的有效指标工具。将一个国家（地区）核算期内（通常是一年）实现的国内（地区）生产总值与此国家（地区）的常住人口（或户籍人口）相比进行计算，得到人均国内（地区）生产总值。在本章节研究中所采取数据由重庆市统计年鉴解释，其人均生产总值按常住人口计算。

（3）固定资产投资（TIFA）：在本章节中，主要采取重庆市统计口径，是以货币形式表现的在一定时期内建造和购置固定资产的工作量以及与此有关的费用的总称。该指标是观察工程进度和考核投资效果的重要依据，也是反映固定资产投资规模、结构和发展速度的综合性指标。其中，包含了建设项目投资和房地产开发投资。固定资产投资密度（DTIFA），也称为投资强度，是衡量区域土地利用率的重要标准，具体以固定资产投资除以面积为准。

2. 数据的获取

地理数据本应当以研究内容的实际边界为主采集，现有的所有数据统计均是按照省市县区等行政区划统计的，在所有的数据研究测量中均有一定的误差，但这是不可避免的。在本书中，在地理相关数据的采集上也采取按照我国行政区划来取舍统计数据。

在本章节研究中，主要关注乡村聚居在中观层次的发展动力机制，因此将其纳入到区县数据的分析研究中。并且由于受数据获取及研究范围的限制，没有将研究空间区域下降到村镇级别，而是使用了重庆市的区县统计数据。同时，为了保证结果的一致性，以上指标数据均来源于2005—2014年"重庆市统计年鉴"中的数据。选择了十年的统计数据作为研究的变量来源，而没有选择重庆市直辖以来的全部年份，主要基于两个分析：第一，本章节研究主要基于空间计量统计理论，研究的是以区县划分的空间数据在一定的空间领域（重庆市市辖区内）是否有空间相关性以及其相关的回归分析。在之前的研究经验中，认为行政中心会有一定的空间相关加权，在1997年重庆市直辖时，其区县对重庆市市中心的空间集聚效应未必如现在明显，在一定程度上会干扰本章节的研究。在2005年，已经直辖8年时，来自四川行政的干预影响已远不如重庆行政的干预影响大。第二，自2005年至2014年的10年中，已经有10年不间断数据供于分析。这十年重庆市无论是社会还是经济均处于快速发展的进程中，正如图5-1所示，2005—2014年的数据足以代表重庆市整体的社会经济发展趋势。因此，选择2005年至2014年作为本章节的主要研究范围是科学的，并不影响空间计量研究方法的应用。

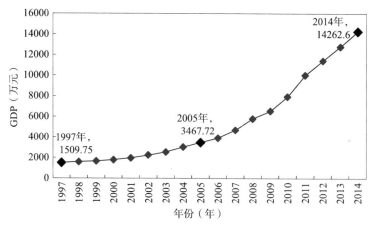

图 5-1　重庆市 1997—2014 年 GDP 增长趋势图

5.3.3　研究假设

国内外理论和经验研究显示，在快速城镇化过程中，人口迁移是导致城市人口快速增长，农村人口和城市人口剧烈变化的原因。在本书中，最终试图解释的是经济产业要素、固定资产投资要素均对农村人口产生了空间影响力，而在空间计量回归时，需确认各要素均具有空间自相关性。而人口的迁移具有空间相关性，有国内学者也进行了空间计量分析，认同这个观点[180]，因此构成了本章的第一个假设 H_1：农村人口在县域空间分布集聚有空间自相关规律性，城市人口在近几年空间集聚效应尤为明显，集聚效应应一致。

经济产业对人口迁移的作用是毫无疑问的，经济产业的空间分布规律更是众所周知，世界各国都呈现出经济集聚效应，比如东京 GDP 占了日本总 GDP 的 60%，同时也集聚了大量的人口，中国也不例外，如北京、上海等超大城市，而且又加剧了集聚的现象。因此，构成了本章的第二个假设 H_2：经济产业的发展在县域空间分布集聚空间自相关显著，第一产业也会有空间集聚现象。

近些年，作为经济增长的"三大马车"之一，固定资产的投资在很大程度上拉动着经济产业的发展，自然也与人口的空间分布息息相关。因此，构成了本章第三个假设 H_3：固定资产的投资在县域空间分布上呈现空间自相关显著，固定资产投资密度同理。

基于前三个假设和对空间计量经济学的研究，构成了本章第四个假设 H_4：农村人口在空间分布上，对经济产业、固定资产投资呈现明显的空间依赖性。经济产业明显影响农村人口的分布规律，经济产业对农村人口的空间分布呈现负相关关系。固定资产的投资明显影响农村人口的分布规律，投资水平的高低应与农村人口呈现空间负相关关系。基于第四个假设，结合对常识的理解，构成了第五个假设 H₅：经济产业、固定资产投资对农村人口的影响应有明显的时间滞后现象。

5.3.4　空间相关性分析模型

空间自相关是一种空间统计方法，是指同一属性在不同空间上的相关性[159]。

1. 全局空间自相关

莫兰提出了全局莫兰指数 I（Moran'I）。它是最早应用于检验空间关联性和集聚问题的探索性空间分析的指标。它能反映整个研究区域内，各个地区单元与邻近地域单元之间的相似性。自关联全局莫兰指数 I 的计算公式如公式（5-1）：

$$I = \frac{\sum_{i=1}^{n} \sum_{j=1}^{n} W_{ij}(X_i - \overline{X})(X_j - \overline{X})}{S^2 \sum_{i=1}^{n} \sum_{j=1}^{n} W_{ij}}$$

$$S^2 = \frac{1}{n} \sum_{i=1}^{n} (X_i - \overline{X})^2 \quad\quad (5\text{-}1)$$

$$X = \frac{1}{n} \sum_{i=1}^{n} X_i$$

式中　X_i——第 i 区域某一要素的属性值；

　　　n——研究区域内地域单元总数；

　　W_{ij}——空间权重，通常采用邻接标准或距离标准来计算。

本书中 W_{ij} 空间权重采取标准的邻接标准，用一个二元对称空间矩阵 W 表示空间区域内 n 个位置的关系如公式（5-2）：

$$W_{ij} = \begin{cases} 1, & \text{当} i \text{与} j \text{的邻居相邻} \\ 0, & \text{其他} \end{cases} \quad\quad (5\text{-}2)$$

Moran'I 指数的取值范围在 [-1, 1] 内，Moran'I 指数大于 0，表示各地区间空间正相关，越接近 1 说明正相关性就越强，即空间邻接或邻近地区单元之间具有很强的空间相关性；Moran'I 指数小于 0，表示各地区间负相关，越接近 -1 说明负相关性越强，即空间邻接或者邻近地区单元之间具有很强的差异性；而 Moran'I 指数等于 0，代表各地区的属性分布不存在相关性，即是说，越接近 0，各地区属性值越没有空间相关性。

2. 局部空间自相关

局部空间自相关用于反映一个区域单元上的某一属性值与邻近单元上统一属性值的相关程度。安瑟琳[181]提出了一个局部莫兰指数（local Moran index），或称为 LISA（local indicator of spatial association），用来检验局部地区是否存在相似或相异的观察值聚集在一起。局部莫兰指数是衡量局部空间相关性较为常见的指标，该指标是将全局莫兰指数分解到各个区域单元。

局部空间自相关 Moran' I 指数的定义如公式（5-3）：

对于某个空间单元 i

$$I_i = \frac{(X_i - \bar{X})}{S^2} \sum_{j=1}^{n} W_{ij} (X_j - \bar{X})$$

$$S^2 = \frac{1}{n} \sum_{i=1}^{n} (X_i - \bar{X})^2 \qquad (5-3)$$

$$X = \frac{1}{n} \sum_{i=1}^{n} X_i$$

其中，各指标参数与全局 Moran' I 指数相同。

要进一步考察区域内的局部空间集聚现象，需要参考莫兰指数散点图。其表现形式为笛卡尔坐标系，横坐标表示各空间单元的标准化属性值，纵坐标表示邻接空间单元标准化后的平均值。散点图的四个象限表达某一区域单元与周围区域的四种不同空间格局。即"高–高"（第一象限）、"低–高"（第二象限）、"低–低"（第三象限）、"高–低"（第四象限）。"高–高"代表某一空间单元属性值高且被周围属性值高的区域空间单元所包围（或连接），其均值均较高；"低–低"则与"高–高"相反；"高–低"表示一个某一空间单元属性值高且被周围低属性值的区域空间单元所包围；"低–高"与"高–低"相反。"高–低"或"低–高"代表空间负相关。

3. 交叉全局莫兰指数

交叉全局莫兰指数如公式（5-4）：

$$I_{xy} = \frac{\sum_{i=1}^{n} \sum_{j=1}^{n} W_{ij} (Y_i - \bar{Y})(X_j - \bar{X})}{S_x^2 \sum_{i=1}^{n} \sum_{j=1}^{n} W_{ij}}$$

$$S_x^2 = \frac{1}{n} \sum_{j=1}^{n} (X_j - \bar{X})^2 \qquad (5-4)$$

$$X = \frac{1}{n} \sum_{j=1}^{n} X_j$$

$$Y = \frac{1}{n} \sum_{i=1}^{n} Y_i$$

式中 X_j——第 j 区域变量 X 的属性值；

Y_i——第 i 区域变量 Y 的属性值；

n——研究区域内地域单元总数；

W_{ij}——空间权重；

I_{xy}——可以看作是观测值与它的空间滞后变量之间的相关系数。

5.3.5　空间计量回归模型

空间自相关分析是为了探索空间数据，但有时需要考察变量之间互相的影响关系，这就需要建立回归模型进行分析。所谓空间自回归就是在因变量中包括因变量其他地域单元的值。安瑟琳在 1988 年提出了空间自回归模型的一般形式[159][公式（5-5）]：

$$Y=\rho W_1 Y+\beta X+\xi$$
$$\xi=\lambda W_2 \xi+\varepsilon \qquad (5-5)$$
$$\varepsilon \in N(0, \sigma^2 I_n)$$

式中　Y——$n \times 1$ 维（因变量）向量；

　　　X——$n \times k$ 维（自变量）矩阵；

　　　W_1——$n \times n$ 维（因变量）空间权重矩阵；

　　　W_2——$n \times n$ 维（残差）空间权重矩阵；

　　　ξ——$n \times 1$ 维（残差）向量；

　　　ε——$n \times 1$ 维（白噪声）向量；

　　　I_n——n 维单位矩阵；

　　　β——$k \times 1$ 维（自变量）系数；

　　　ρ——空间相关系数；

　　　λ——残差相关系数；

　　　σ——ε 的方差。

由此模型 [公式（5-5）] 不同的设定衍生出了空间滞后模型（Spatial Lag Model，SLM）和空间误差模型（Spatial Error Model，SEM），也是本章节所需要的两个模型，具体如下。

1. 空间滞后模型

空间滞后模型 [公式（5-6）] 主要用于研究各变量在空间上是否有溢出效应或扩散现象。其模型形式即是公式（5-5）中，当 $\rho \neq 0$，$\beta \neq 0$，$\lambda=0$ 时：

$$Y=\rho W_1 Y+\beta X+\varepsilon$$
$$\varepsilon \in N(0, \sigma^2 I_n) \qquad (5-6)$$

式中　β——参数向量，反映了自变量对因变量的影响；

　　W_1Y——因变量的空间滞后向量，是一内生变量；

　　　ρ——邻近单元对区域本身的作用；

　　　ε——$n \times 1$ 维（白噪声）向量；

　　　I_n——n 维单位矩阵；

　　　Y——$n \times 1$ 维（因变量）向量。

空间滞后模型表明，区域行为不仅受到自身特征的影响，同时还受到邻居特征的影响。若系数 ρ 显著，表明因变量确实存在明显的空间依赖，ρ 的大小反映了各单元间的空间扩散或空间溢出等相互作用的程度。

2. 空间误差模型

空间误差模型 [公式（5-7）] 将误差项设为互相影响，即包含了误差项的空间滞后项，其模型即是公式（5-5）中，当 $\rho \neq 0$，$\beta \neq 0$，$\lambda \neq 0$ 时：

$$
\begin{aligned}
&Y = \beta X + \xi \\
&\xi = \lambda W_2 \xi + \varepsilon \\
&\varepsilon \in N(0, \sigma^2 I_n)
\end{aligned}
\tag{5-7}
$$

式中　λ——误差项的空间自回归系数；

　　$W_2\xi$——空间误差项的空间滞后向量；

　　　ε——不相关的、均值为 0、同方差的误差项；

　　　β——$k \times 1$ 维（自变量）系数；

　　　Y——$n \times 1$ 维（因变量）向量；

　　　X——$n \times k$ 维（自变量）矩阵；

　　　ξ——$n \times 1$ 维（残差）向量。

若 λ 显著，说明在模型中确实存在一些因素导致了误差项之间的空间自相关。

在空间计量经济模型的实际分析中，一般需要通过莫兰指数来检验数据间是否存在空间自相关关系。在侦测到数据存在空间自相关性后，再考虑使用空间计量模型。由于事先无法根据经验判断 SLM、SEM 哪个模型更适合，因此有必要构建一套判别准则，以决定哪个空间模型与客观实际拟合度更高。对于模型的选择标准，还可以通过两个拉格朗日乘子（Lagrange Multiplier）LMERR、LMLAG 及其稳健（Robust）的 R-LMERR、R-LMLAG 等统计量来实现。如果在空间依赖性检验中发现，R-LMLAG 比 R-LMERR 在统计上更显著，且 R-LMLAG 显著而 R-LMERR 不显著，则可以断定空间误差模型更合适。然后本书使用对数似然值（Log likelihood，LogL）、赤池信息准则（Akaike information criterion，AIC）和施瓦茨准则（Schwartz criterion，SC）判断模型的拟合度，验证选择模型是否正确。对数似然值越大，AIC 和 SC 值越小，模型的拟合度更合适，更适合描述实际现象。本章节研究中选择两种衡量办法混合使用，先使用 LMERR、LMLAG 选择使用哪个模型，然后使用 LogL、AIC、SC 验证模型的拟合度。

5.4 人口空间自相关分析

正如人口分布理论中所指，人口受到各种地理自然环境或社会经济因素影响在空间上的分布是有规律的。研究其他要素对人口（非城市人口）的影响机制，需要了解城市人口与农村人口在近些年空间上的自身分布规律及发展态势。本节采用全局空间自相关和局部空间自相关分析方法，使用"Queen"式一阶空间权重，以重庆市区县域为空间单元，揭示城市人口以及农村人口空间分布的自身机制。

5.4.1 全局空间自相关分析

针对全局空间自相关而言，具体到人口分布的目标区域，若人口分布在空间上相似，空间模式总体表现为正相关。当空间地区单元相邻区域具有不同的属性值时，空间模式总体表现为负相关。当相邻地区单元属性值表现出随机独立的状态时，那么空间相关性为不相关。本章节通过 GeoDa 软件将重庆市 2005—2014 年 38 个区县的常住人口总量（RESP）、城市人口（URESP）、农村人口（RRESP）、人口密度（DRESP）作为分析变量进行空间自相关分析。

图 5-2 描述了重庆市 38 个区县的常住人口总量（RESP）、城市人口（URESP）、农村人口（RRESP）、人口密度（DRESP）2005—2014 年莫兰指数的变动趋势。由此图可以看出：

（1）重庆人口的主要指标都具有一定程度的空间相关性，并且空间集聚效应比较稳定。其中，常住人口总量、人口密度在空间集聚效应上在 0~0.20 之间，表现为整体平稳、稍有上升趋势，但是空间集聚效应比较低；城市人口、农村人口的空间集聚效应在 0.35~0.50，表现为整体平稳、稍有下降的趋势，但是空间集聚效应比较高。

（2）城市人口表现出来的空间集聚效应最显著，在 2010 年之后长期在 0.45 左右徘徊，并且长期高于农村人口大约 0.07。但是，城市人口、农村人口又同时远远大于常住人口总量的空间集聚效应。说明各区县总人口情况较为稳定，但是极强地证明了，城镇化进程对城市人口与农村人口的迁移影响。同时，城市人口的空间集聚效应大于

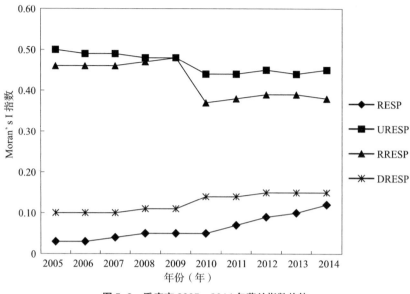

图 5-2　重庆市 2005—2014 年莫兰指数趋势
（资料来源：作者自绘）

农村人口的集聚效应又说明在城镇化的过程中，城市对于人口的拉力是大于农村对人口的推力的。常住人口总量在 2010 年之后才出现了空间集聚效应，经分析说明重庆市在 2010 年之后区县之间的人口流动开始趋于明显，开始因为某些原因集聚到某些区县，或者是因为在 2010 年之后由于重庆市的影响力和竞争力开始凸显，吸引了大量的外来人口，从而出现了人口空间集聚效应。

（3）图 5-2 中所示折线变化虽稍有不同，但是四条折线有一个共同的特点，均在 2010 年左右出现较为剧烈的变化。城市人口与农村人口的空间集聚现象出现了下降，而常住人口和人口密度出现了小幅度的上升。本书经分析，认为是 2010 年 8 月，作为中国统筹城乡综合配套改革试验区的重庆市以解决农民工城镇户口为突破口，开始了全面启动户籍制度改革，从而导致了人口集聚效应的突变。

5.4.2　局部空间自相关分析

为了更为直观地展现重庆市集聚效应的现状，本书首先在 GeoDa 软件中绘制重庆市常住人口、城市人口、农村人口、人口密度的空间差异状态的莫兰指数散点图，并在此基础上将其可视化，局部自相关系数在 0.05 的显著性水平下通过检验进而可得到人口空间集聚位置和分布特征。

（1）图 5-3 是重庆市主要年份常住人口 LISA 集聚图，反映了各区县局部分布情况。图5-3中标出了对应莫兰指数散点图的不同象限，以及LISA显著的区县，由此可以更清晰地看出区域常住人口分布格局的变化。在2011年之前，常住人口空间集聚效应不显著，因此在此没有列出。由图可见，将数据分布分为了五种情况。从重庆市常住人口分布上看，人口显著集聚区"高–高"分布的地域增加了2个——巴南区和长寿区，"低–低"分布的区县增加了2个——酉阳和彭水。渝东北翼常住人口处于离散状态，没有集聚的显著性，可能与此处常住人口变化小有关。北碚、璧山、大渡口区则为显著的"低–高"分布，可能与毗邻沙坪坝区、九龙坡区等人口密集的区有关。

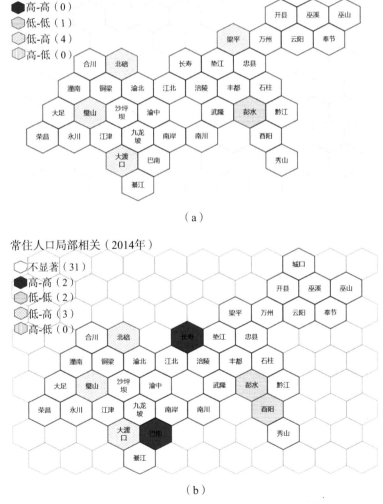

图5-3　2011年与2014年重庆市常住人口LISA集聚示意图

（2）图 5-4 是重庆市主要年份人口密度 LISA 集聚图，主要反映各区县人口密度分布情况。如图所示，重庆市人口密度空间格局分布特征比人口空间分布更鲜明。可以很明显地看出，渝东南翼与东北翼地区人口密度较低，并且具有明显的"低 - 低"集聚效应，2014 年还增加了"低 - 低"的地区。这些地区从 2011 到 2014 年，人口密度"高 - 高"分布没有变化。2014 年"高 - 高"地区有江北区、沙坪坝区、南岸区、九龙坡区、渝中区，正好是重庆最中心并且毗邻的五个区；"低 - 低"的地区有黔江、巫山、丰都、奉节、开县、云阳、酉阳、武隆、彭水、巫溪。人口密度分布总体变化不大，只在"低 - 低"分布增加了云阳、巫山区和黔江。

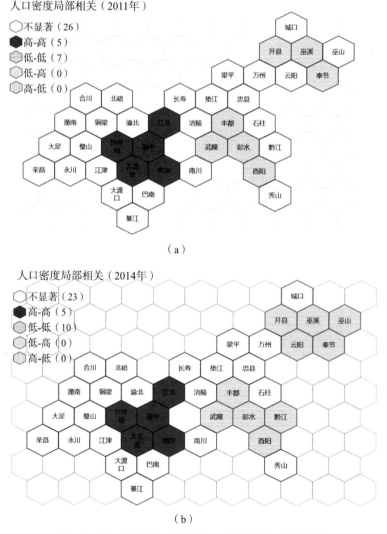

图 5-4　2011 年与 2014 年重庆市人口密度 LISA 集聚示意图

（3）图 5-5 是重庆市 2005—2014 年主要年份城市人口的 LISA 集聚图，主要反映各区县城市人口的分布情况。如图所示，空间局部集聚效应显著的区县总量基本一致；自 2005 年开始，城市人口"高–高"空间分布的区县没有变化，有江北、巴南、北碚、沙坪坝、九龙坡、渝北、南岸、渝中；自 2005 年至 2014 年，城市人口"低–低"空间分布的区县有增有减，2014 年时有酉阳、黔江、彭水，相比 2005 年减少了丰都和巫溪，增加了黔江；自 2005 开始，城市人口"低–高"空间分布的区县没有变化，有璧山、大渡口。总体来看，城市人口在各区县的分布格局在 2005 就已经大局已定，而在较为贫困的地区稍有变化。

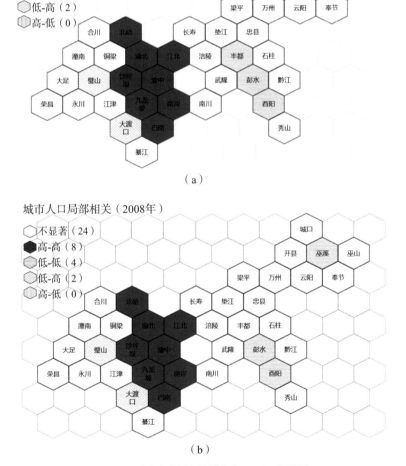

图 5-5 重庆市主要年份城市人口 LISA 集聚图

（c）

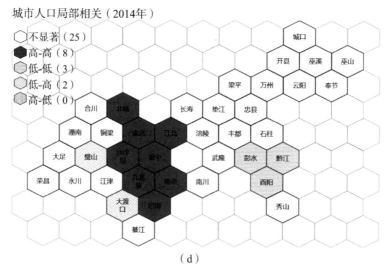

（d）

图 5-5　重庆市主要年份城市人口 LISA 集聚图（续）

（4）图 5-6 是重庆市 2005—2014 年主要年份农村人口的 LISA 集聚图，主要反映各区县农村人口的分布情况。如图所示，与城市正好相反，但是也表现出了独有的特征。自 2005 年起，无论是"高－高"空集聚间分布，还是"低－低"空间集聚分布都在减少；"高－高"2014 年空间集聚地区有万州、云阳，相比 2005 年减少了忠县；"低－低"2014 年空间集聚地区有渝北、沙坪坝、九龙坡、南岸、渝中，相比 2008 年最多时少了巴南、渝北；2014 年减少了"低－高"空间集聚地区，是巫溪。整体空间分布较稳定，渝东南翼没有出现农村人口的空间集聚现象。

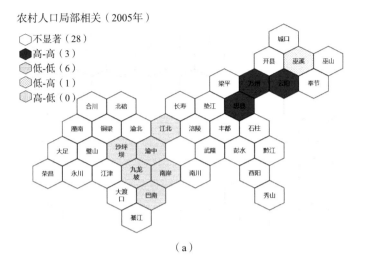

（a）

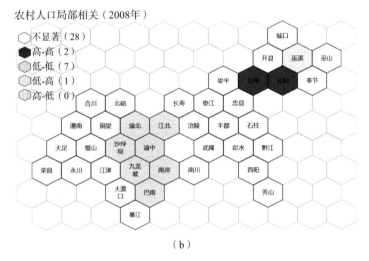

（b）

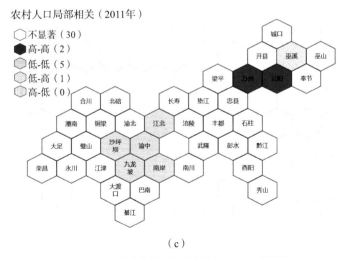

（c）

图 5-6 重庆市主要年份农村人口 LISA 集聚图

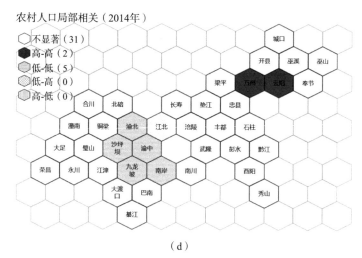

（d）

图 5-6　重庆市主要年份农村人口 LISA 集聚图（续）

5.4.3　结果与讨论

通过分析重庆市人口的重要指标全局自相关性和局部空间相关性，可以看出：

（1）城市人口与农村人口同时出现了极强的空间集聚效应，无论是全局还是局部，并且出现超出本书假设的现象，城市人口的空间集聚性比农村人口要更强、更显著。城市人口与农村人口的空间集聚效应都比全部的常住人口（常住人口为城市人口与农村人口的总和）强几倍，说明从城市人口与农村人口属性上来看，重庆市正经历着激烈的城镇化进程，使得各区县城市人口与农村人口都正经历着有规律的高迁徙性和高突变性。从全局莫兰指数上看，在 2010 年两者的空间集聚效应都出现了下跌，并且在 2011 年之后出现一个较为平和的现象，本书认为，产生此现象的主要原因还是2010 年重庆市户籍改革的原因，导致重庆市的人民在一定程度上降低了各区县移动的意愿，同时增加了农村人口的离散效应。

而整体来讲城市人口的集聚效应比农村人口的高，这是本书假设时没有考虑的。本书研究分析认为，此现象说明在 2005 年至 2014 年重庆市城镇化的进程中，结合"迁移理论"来看，说明城市对人口的吸引力要大于农村自身的推力，但农村自身的推力并不低。在局部空间相关分析中，发现城市人口"高 - 高"空间集聚分布的区县没有变化，但"低 - 低"的空间集聚分布却有所变化，总体呈减少现象，农村人口则反之。这说明城市核心区的吸引力非常大，而较贫困的区县农村人口的比率正出现离散的现象，说明此区域也有一定的发展，减少了农村对人口迁移的推力。

（2）从常住人口和人口密度的全局自相关性和局部自相关性来看，重庆市人口规模及其人口变化都比较稳定，符合重庆市整体社会经济发展趋势。常住人口的全局自相关性一直偏弱，在 2011 年之后才有了较弱的空间集聚效应，在局部自相关性分析中，长寿、巴南的"高－高"人口集聚效应突出，研究初步分析认为，有三个原因促成了此类现象：第一，重庆自 2004 年起经济发展迅速，GDP 增速始终保持在 10% 以上，2010 年最多时达到了最多的 17%，使得重庆对外来人口的吸引力增加，外来人口的增加产生了常住人口的空间集聚效应；第二，2010 年重庆市率先进行了户籍改革，解决了农民工市民化的问题，因此吸引了一定的外来人口来渝工作，增加了常住人口的空间集聚效应；第三，2014 年长寿出现了常住人口局部"高－高"分布现象，应与重庆钢铁集团大规模搬迁至长寿有关，而巴南也出现了同一现象，应与重庆市战略布局相关，巴南成为重庆主要的物流集散中心，因此吸引了人口的迁移。

人口密度的空间集聚效应明显比常住人口的要好一些，尤其是表现在局部空间相关性上。很明显，出现"高－高"集聚效应的有 5 个公认的高密度区并且一直没有变化。"低－低"集聚效应的区县主要在渝东南翼和东北翼，整体数量比较稳定，但是经济发展呈现"低－低"集聚效应的区县却增加了云阳和黔江。研究初步分析认为造成此类现象的原因主要有两个：首先，就是主城区对人口的吸引力依然很大，空间集聚效应突出，而且核心区的功能暂时并不能被其周边区域所代替；其次，就是渝东南及渝东北两区域本身地理环境复杂导致地广人稀，并且在 2013 年重庆将渝东北定义为生态涵养发展区，将渝东南定义为生态保护发展区，从内在行动上并没有大力开发两者的意图。

（3）关于人口的所有重要指标均出现了空间自相关性，尤其是城市人口和农村人口，说明重庆市人口的增长及结构变化均有一定的空间集聚规律，符合初步的假设 H_1，城市人口比农村人口的空间集聚效应更高不符合 H_1 中两者应一致的假设。各区县农村人口的变化机制即为乡村聚居发展动力机制在县域空间上的表现。农村人口表现出了极强的空间自相关性，人口密度的空间自相关性并没有太明显，因此后续空间计量回归分析中将选择农村人口作为唯一的被解释变量进行空间计量回归分析是符合要求的。

5.5　经济产业空间自相关分析

经济产业在空间上常显现出空间集聚效应，研究其对人口（城市人口与农业人口）的影响机制，需要了解经济产业近些年在空间上的自身分布规律及发展态势。本节采用全局空间自相关和局部空间自相关分析方法，使用"Queen"式一阶空间权重，以重庆市区县域为空间单元，揭示经济产业空间集聚分布机制。

5.5.1　全局空间自相关分析

本小节通过 GeoDa 软件将重庆市 2005—2014 年，38 个区县的 GDP、第一产业 GDP（PIGDP）、人均 GDP（PERGDP）作为分析变量进行空间自相关分析。图 5-7 描述了重庆市 38 个区县的 GDP、第一产业 GDP（PIGDP）、人均 GDP（PERGDP）2005—2014 年莫兰指数的变动趋势。由此图可以看出：

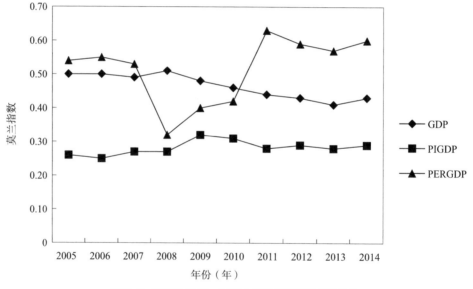

图 5-7　重庆市 2005—2014 年经济产业莫兰指数趋势

（1）GDP 莫兰指数在 2008 年之前维持在约 0.5 的较高水平，但之后开始缓慢下降，在 2014 年稍微上涨。整体表现稳定，说明 GDP 在空间分布上有稳定的集聚效应，并且在缓慢下降，说明各区县之间的经济发展空间依赖性正变弱。

（2）PIGDP 莫兰指数在 2005 年至 2014 年之间一直稳定在 0.3 附近，具有一定的空间集聚效应，但也是这三个经济技术指标中空间集聚效应表现最弱的一个。并且在十年的发展中，几乎没有变化。说明在这十年的发展中，各区县之间的农业一直稳定在一个特殊的空间关系中，没有变动。

（3）PERGDP 莫兰指数变化最大，同时数值也基本是最大的，基本维持在极高的 0.6 左右，说明 PERGDP 表现出了极强的空间集聚效应。而其变化幅度也是最大的，最低曾降到了 0.3，说明 PERGDP 受其他因素的影响比较大，具体原因仍未知。

5.5.2　局部空间自相关分析

为了更为直观地展现重庆市各区县经济产业空间集聚效应的现状，本书首先在 GeoDa 软件中绘制重庆市 GDP、人均 GDP（PERGDP）、第一产业 GDP（PIGDP）的空间差异状态的莫兰散点图，并在此基础上将其可视化，局部自相关系数在 0.05 的显著性水平下通过检验进而可得到相关的空间集聚位置和分布特征。

（1）图 5-8 是重庆市 2005—2014 年主要年份 GDP 的 LISA 集聚图，主要反映各区县 GDP 的空间分布情况。如图所示，整体来讲，重庆各区县自 2005 年以来，GDP"高－高"空间分布的区县在增多，并在主城区附近；"低－低"空间分布的区县在减少，主要在渝东南翼和东北翼；"低－高"空间分布的区县基本没变，附着在主城区附近；2014 年 GDP"高－高"空间分布的区县有江北、巴南、北碚、沙坪坝、渝北、长寿、南岸、渝中、九龙坡，比 2005 年多了长寿、渝北、北碚区；2014 年 GDP"低－低"空间分布的区县有酉阳、彭水、巫溪、奉节，比 2005 年减少了丰都；2014 年 GDP"低－高"空间分布的区县有璧山、大渡口，并且长时间稳定。

（2）图 5-9 是重庆市 2005—2014 年主要年份第一产业 GDP（PIGDP）的 LISA 集

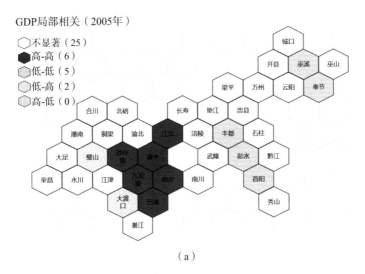

（a）

图 5-8　重庆市主要年份 GDP 的 LISA 集聚图

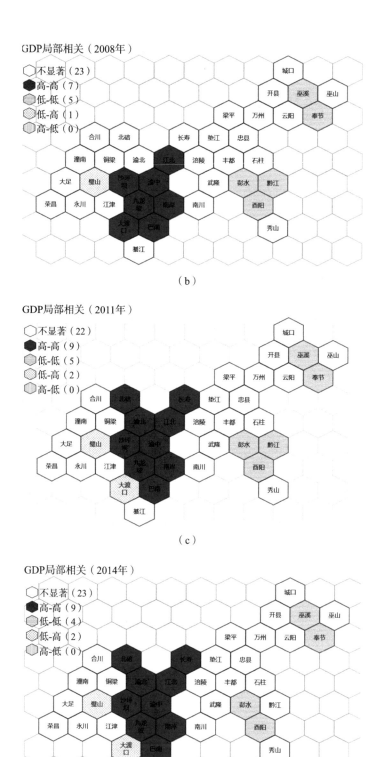

图 5-8　重庆市主要年份 GDP 的 LISA 集聚图（续）

聚图，主要反映各区县 PIGDP 的空间分布情况。从图中可以看出，PIGDP 在重庆欠发达的地区东南翼、东北翼没有出现空间集聚效应，反而是在"一小时经济圈"出现了"高 – 高""低 – 低""低 – 高"的空间集聚效应。2008 年之后，空间集聚效应分布就没有大的变化了，至 2014 年，"高 – 高"空间分布的地区有綦江区，比 2005 年减少了永川、铜梁；至 2014 年，"低 – 低"空间分布的地区有江北、沙坪坝、南岸、渝中区，比 2005 年增加了南岸区；至 2014 年"低 – 高"空间分布的地区有大渡口区，比 2005 年减少了璧山。

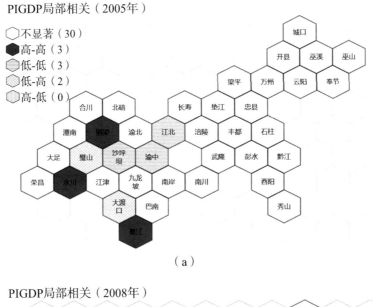

（a）

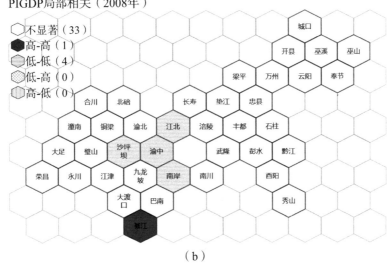

（b）

图 5-9 重庆市主要年份第一产业 GDP 的 LISA 集聚图

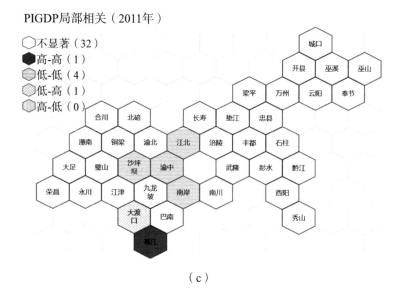

（c）

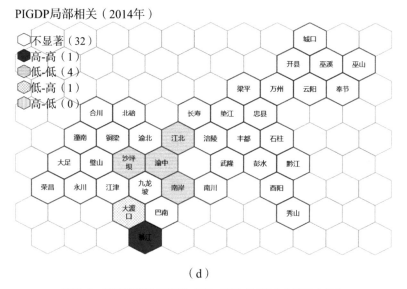

（d）

图 5-9　重庆市主要年份第一产业 GDP 的 LISA 集聚图（续）

（3）图 5-10 是重庆市 2005—2014 年主要年份人均 GDP（PERGDP）的 LISA 集聚图，主要反映各区县 PERGDP 的空间分布情况。如图所示，整体来讲，"高－高"空间集聚分布的区县呈现增多趋势，但自 2011 年之后就较为稳定，有 7 个区县，分别是江北、巴南、沙坪坝、九龙坡、渝北、南岸、渝中，比 2005 年多了渝北；"低－低"空间分布整体呈现减少的趋势，2014 年"低－低"分布的区县有黔江、巫山、奉节、开县、云阳、城口、巫溪，比 2005 年减少了彭水、忠县、石柱、万州，增加了城口；

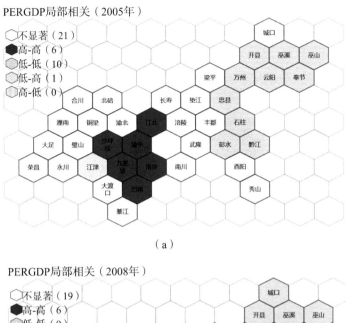

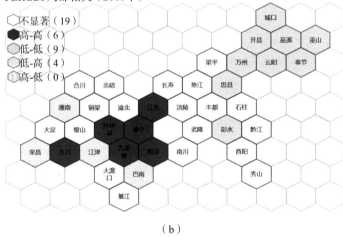

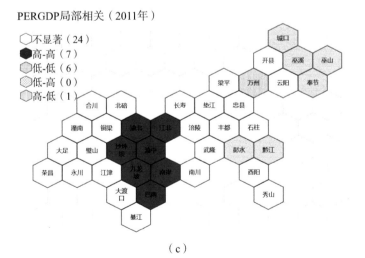

图 5-10　重庆市主要年份人均 GDP 的 LISA 集聚图

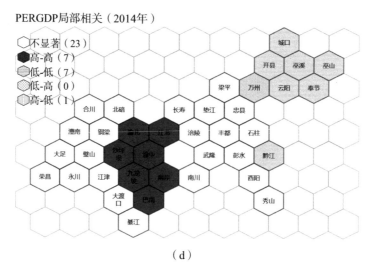

（d）

图 5-10　重庆市主要年份人均 GDP 的 LISA 集聚图（续）

至 2014 年"低－高"分布曾经出现过的区县为巴南、荣昌、潼南、江津；自 2011 年起，增加了一个"高－低"分布的区县，万州。

5.5.3　结果与讨论

通过分析重庆市经济产业的重要指标全局自相关性和局部空间相关性，可以看出：

（1）重庆市各区县 GDP 无论是在全局自相关还是局部自相关的分析中均出现了显著的空间集聚效应。作为衡量一个地区经济发展水平的重要指标，说明了重庆市经济发展具有一定的空间分布规律。通过局部 LISA 集聚图可以看出"高－高"集聚正在不断扩大，说明重庆都市核心区的带动作用还是非常大。因此，亦验证了本章 H_2 的研究假设。而渝东南翼与渝东北翼依然是较为落后的区域，并形成了"低－低"的空间集聚，在多年的发展中并没有打破这一格局。

（2）重庆市经济技术指标分析中，全局莫兰指数最稳定的就是农业产业的 GDP。并且通过局部的 LISA 图可以看出，只有在主城 5 区基本没有农业的区域产生了"低－低"集聚分布，而在其他绝大部分地域，尤其是渝东南与渝东北地区以农业为主的区县也没有出现"高－高"分布。说明重庆市的第一产业并没有形成较强的空间集聚效应，代表着重庆市的第一产业仍然处于较为低级的发展阶段，并没有形成相关的农业产业链等。

（3）人均 GDP 作为衡量一个地区经济产业是否发达的重要指标，在重庆市全局空间自相关和局部空间自相关中均出现了较强的空间集聚效应。总体来讲，变化较为明显的是主城区的周边辐射能力特别强，在几年的发展中，保证了主城区的"高－高"空间集聚效应，同时也提升了周边较低的人均 GDP 水平，使得"低－高"空间集聚效应消失。渝东南的经济情况也在好转，在慢慢地减少"低－低"空间集聚。渝东北的经济好转更为明显，尤其是出现了万州的"高－低"特殊现象。说明渝东北地区出现了万州一个特殊情况，万州脱离了整体贫困的桎梏，正走向一个快速发展的时期。

整体来看，第一产业的发展仍不理想，不成规模，各区县各自为战，没有统领起来形成产业规模、体系。因此，与假设有一定的差距，并不能达到纳入下一步的研究中。而人均 GDP 的空间集聚现象最为明显，GDP 亦较为明显，可作为进一步的分析基础。

5.6　固定资产投资空间自相关分析

研究固定资产投资对人口（城市人口与农业人口）的影响机制，需要了解固定资产投资近些年在空间上的自身分布规律及发展态势。本节采用全局空间自相关和局部空间自相关分析方法，使用"Queen"式一阶空间权重，以重庆市 38 个区县为研究空间单元，揭示固定资产投资集聚分布机制。

5.6.1　全局空间自相关分析

本小节通过 GeoDa 软件将重庆市 2005—2014 年，38 个区县的固定资产投资（TIFA）作为分析变量进行全局空间自相关分析。

从图 5-11、表 5-2 可以看出，重庆市区县间的固定资产投资存在较强的空间集聚效应。莫兰指数维持在 0.5 左右的较高水平。而在 2011 年，稍有下降，但仍高于0.4。相比而言，固定资产投资密度虽然集聚指数并不高，但亦在 2011、2012 年出现在明显的空间集聚现象。本书分析认为，这主要是由于重庆市属于山地地区，基础设施较差，在最近几年的经济快速发展中，固定资产投资的拉动功不可没。政府在发展优势经济的考量中，会对每个区进行不同的划分，因此产生了较强的空间集聚效应。

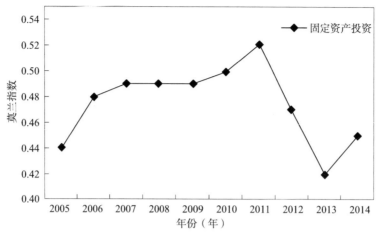

图 5-11　重庆市 2005—2014 年固定资产投资莫兰指数趋势

重庆固定资产投资密度（DTIFA）2011—2014 年莫兰指数　　　　　表 5-2

年份	2011 年	2012 年	2013 年	2014 年
莫兰指数	0.098	0.089	0.180	0.180

5.6.2　局部空间自相关分析

为了更为直观地展现重庆市各区县固定资产投资空间集聚效应的现状，本书首先在 GeoDa 软件中绘制固定资产投资（TIFA）的空间差异状态的莫兰指数散点图，并在此基础上将其可视化，局部自相关系数在 0.05 的显著性水平下通过检验进而可得到相关的空间集聚位置和分布特征。所得 LISA 集聚图如下。

图 5-12 是重庆市 2005—2014 年主要年份固定资产投资（TIFA）的 LISA 集聚图，主要反映各区县 TIFA 的空间分布情况。如图所示，2005—2014 年间整体趋势稳定，但变化较大。"高－高"空间集聚分布主要集中在主城区附近，且有不断扩大的趋势，至 2014 年有 9 个区，江北、巴南、合川、北碚、沙坪坝、渝中、璧山、渝北、长寿，比 2005 年增加了璧山、合川、长寿、北碚，减少了南岸、九龙坡；"低－低"空间集聚分布主要集中在渝东南翼、东北翼，整体变化不大，但呈现扩散趋势，至 2014 年有黔江、巫山、奉节、酉阳、彭水、巫溪，比 2005 年增加了黔江、酉阳；至 2014 年已经没有出现"低－高"和"高－低"空间集聚现象了，自 2005 年有渝中（2011 年）、大渡口区（2011 年）、璧山（2008 年）、北碚（2005 年）四个区县出现过"低－高"空间集聚现象，万州在 2008 年和 2011 年出现过"高－低"空间集聚现象。

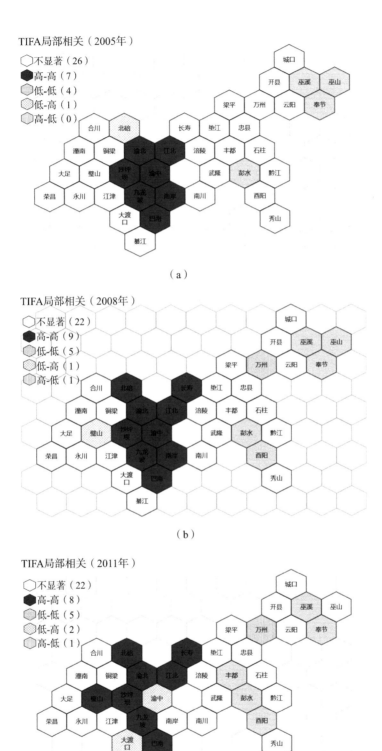

图 5-12 重庆市主要年份 TIFA 的 LISA 集聚图

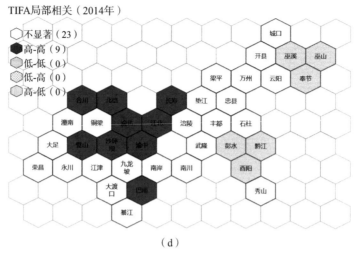

（d）

图 5-12　重庆市主要年份 TIFA 的 LISA 集聚图（续）

5.6.3　结果与讨论

通过分析重庆市 TIFA 全局自相关性和局部空间相关性，可以看出：重庆市的 TIFA 是存在空间自相关性的，在局部空间自相关分析中更为明显，验证了 H_3 的假设。在局部 LISA 集聚图中有三个比较明显的特点：第一，渝东南与渝东北出现了"低 – 低"集聚现象，说明此地域依然是缺乏固定资产投资的区域；第二，"高 – 高"正由都市核心区域向外扩散，研究后期真正的核心渝中、南岸两区却鲜有出现集聚现象，说明重庆市核心区的建设活动发展开始停滞，重庆正往周边区县大量投资建设，以拉动经济的发展；第三，渝东北的万州在 2005 年至 2014 年之间，出现了"高 – 低"集聚现象，说明重庆市正以万州区为核心投资建设以带动整个渝东北的发展，这与人均 GDP 的空间集聚现象相吻合。

5.7　农村人口空间计量回归分析

通过以上章节的分析发现，所有所选因子均出现了空间自相关的效应，其中常住人口较弱，人口密度较弱，其他均有较强的空间自相关效应。空间自相关效应并不能更好地解释更多变量之间的空间效应，也无法描述本章节研究的重点——经济要素及基础设施条件是如何影响农村人口迁移的。但通过对假设 H_1、H_2、H_3 的验证，满足空间计量回归模型的设定，可以进行下一步验证假设 H_4 的工作。因此，在本小节将使用空间计量回归模型对相关假设作实证分析。

5.7.1　指标选取及模型设定

在上述的章节分析中可知，对于农村人口迁移的意愿，从个人角度来讲肯定是符合"用脚投票"理论，倾向于收入更好、生活条件更好的区域居住。从宏观的角度通俗地讲，影响人们的迁移意愿的也基本上是工资收入与各类公共服务设施的比较。因此，本节在回归分析中决定使用农村常住人口（RRESP）、GDP、人均 GDP、全社会固定资产投资（TIFA）、固定资产投资密度（DTIFA）来进行空间回归模型分析，理由如下：

（1）本书分析的重点即乡村聚居发展动力机制，在宏观方面农村人口的迁居意愿决定整体乡村聚居是否能继续发展或消弭，因此本节将各区县与城市人口相对的农村人口（RRESP）作为本回归模型的因变量，研究各动力要素是如何推动农村人口变化的。

（2）GDP 一般衡量着一个地区的总体经济状况，代表一个地区所生产所创造的社会财富。GDP 增长较快的地区代表着此地区的经济发展形势良好。人均 GDP 是 GDP 与常住人口的比值（重庆市统计局），是人们了解和把握一个国家或地区的宏观经济情况的有效工具，也是衡量其经济发达程度或人民生活水平的一个重要标准。因此，一个地方的 GDP 与人均 GDP 的高低属于影响人口迁居意愿的不同要素，所以本书将其同时纳入回归模型分析。在上述章节中通过 LISA 集聚分析，认为 PIGDP 集聚变化较小，并且集聚效应并不明显，因此本书没有使用 PIGDP。

（3）TIFA 是社会固定资产再生产的主要手段，是我国现行经济体拉动经济 GDP 发展的主要因素。工业和信息化部原部长李毅中认为："2013 年，当年的投资和 GDP 的比例达 76.7%，这个比例'十一五'是 59.5%，'十五'是 41.58%，'九五'是 32.83%，随着时间的推移，固定资产投资和当年 GDP 的比例是越来越高，高达 76%"。DTIFA 是指投资强度，即固定资产投资额（包括厂房、设备和地价款）除以土地面积，是衡量开发区土地利用率的重要标准。本书试图针对基础设施投资对人口迁居意愿的影响进行宏观分析，但由于基础设施投资包含在固定资产投资中，并且统计数据难以分离，因此将更为全面的 TIFA 和 DTIFA 指标作为回归模型的考量指标。

5.7.2　空间回归分析

本小节将首先将使用 RRESP 作为因变量，GDP、PERGDP、TIFA、DTIFA 作为自变量，依据空间计量回归模型建立分析模型。但因其各因素单位指标不统一，数量级变化较大，因此以自然对数的形式建立分析模型 [公式（5–8）]：

$$\ln RRESP=\alpha+\beta_1\ln GDP+\beta_2\ln PERGDP+\beta_3\ln TIFA+\beta_4\ln DTIFA \qquad （5–8）$$

式中　α——常数；

　　　β——自变量系数。

选取 2014 年重庆市 38 个区县的 RRESP、GDP、PERGDP、TIFA、DTIFA 的截面数据，并对其数据取自然对数，建立空间滞后模型和空间误差模型来分析各驱动力在空间上对乡村聚居的作用机制。制作并使用"Queen"式二次权重，进行空间计量回归分析。具体流程如图 5–13 所示。先使用 LMERR、LMLAG 及其稳健（Robust）的R–LMERR、R–LMLAG 等统计量来选择优先使用哪个模型，然后利用 GeoDa 软件分别

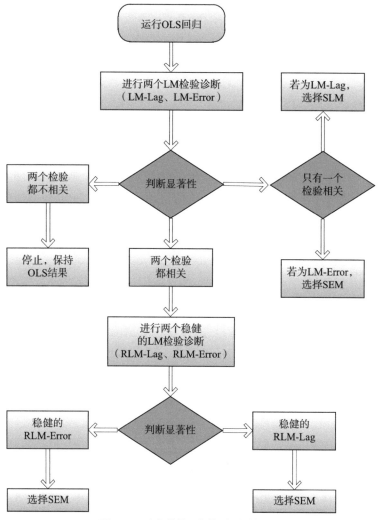

图 5–13　空间计量回归模型运行模式图

采用普通最小二乘法（OLS）、和空间滞后模型（SLM）与空间误差模型（SEM）进行回归计算，使用对数似然值（Log likelihood，LogL）、赤池信息准则（Akaike information criterion，AIC）和施瓦茨准则（Schwartz criterion，SC）来判断模型的拟合度。一般情况下，LogL 值越大，AIC 值和 SC 值越小，模型拟合效果越好。

依据图 5-13 的操作流程，使用 GeoDa 软件进行了计算。得到统计信息表 5-3 和表 5-4。观察表 5-3 中的结果，拟合优度 R^2=0.90，F 统计量的值为 74.44，P 值小于 0.001，模型通过了显著性检验，模型整体拟合较好。从而进行 LMERR、LMLAG 及其稳健的 R-LMERR、R-LMLAG 检验，发现 LAMLAG 的 P 值为 0.0029，通过显著性检验。而 LMERR 的 P 值为 0.1014，无法通过显著性检验。因此，依据图 5-13 中的分析流程，可以判断 SLM 模型比 SEM 模型、OLS 回归更适合本次数据分析。本书使用 LogL、AIC、SC 进行验证，发现 SLM 的 LogL 值为 -5.6288，大于 SEM 的 -7.7930；SLM 的 AIC 值为 23.2575，小于 SEM 的 25.5860；SLM 的 SC 值为 33.0830，小于 SEM 的 33.7739。因此可以判定，SLM 模型比 SEM 更适合。

因此，本次空间计量回归模型可以得出 [公式（5-9）]:

$$\ln RRESP = -9.4304 + 0.3177\ln GDP - 0.7439\ln PERGDP + 1.2746\ln TIFA - 0.6386\ln DTIFA \tag{5-9}$$

SLM 模型中 lnGDP 和 lnTIFA 的回归系数为正，其他的为负，除了 lnGDP 回归系数不显著外，其他均通过了 5% 的显著性检验。可以看出农村人口具有强烈的空间依赖性。具体来说，lnGDP 回归系数为 0.3177，说明 GDP 对农村人口的影响是正影响，GDP 越大，农村人口越大，但是其并没有通过显著性检验，因此并不能作为分析依据

OLS 的统计结果　　　　　　　　　　　表 5-3

变量	回归系数	T 统计值	P 值	统计检验	统计值	P 值
α	-6.1802	-2.38	0.0232	R^2	0.90	—
lnGDP	0.2301	0.88	0.3850	F	74.44	4.82e-16
lnPERGDP	-0.7761	-2.28	0.0293	LogL	-9.60	—
lnTIFA	1.3114	5.17	0.0000	AIC	29.20	—
lnDTIFA	-0.7119	-7.90	0.0000	SC	37.39	—
统计检验	DF	统计值	P 值	—	—	—
LAMLAG	1	8.90	0.0029	—	—	—
R-LMLAG	1	6.23	0.0125	—	—	—
LMERR	1	2.68	0.1014	—	—	—
R-LMERR	1	0.02	0.9024	—	—	—

SLM 和 SEM 的统计结果　　　　　　　　　表 5-4

变量	SLM			SEM		
	回归系数	Z 统计量	P 值	回归系数	Z 统计量	P 值
α	-9.4304	-3.7696	0.0002	-5.0829	-2.2099	0.0271
lnGDP	0.3177	1.4704	0.1415	0.4082	1.8235	0.0682
lnPERGDP	-0.7439	-2.6261	0.0086	-0.7960	-2.8153	0.0048
lnTIFA	1.2746	6.0362	0	1.0712	4.6648	0
lnDTIFA	-0.6386	-8.2552	0	-0.7015	-8.6653	0
R^2	0.9200	—	—	0.9140	—	—
LogL	-5.6288	—	—	-7.7930	—	—
AIC	23.2575	—	—	25.5860	—	—
SC	33.0830	—	—	33.7739	—	—

来使用；lnPERGDP 的回归系数为 -0.7439，通过了显著性检验，说明人均 GDP 对农村人口的影响是负的，代表着人均 GDP 越高的地区，农村人口越少；lnTIFA 的回归系数为 1.2746，通过显著性检验，说明固定资产投资与农村人口呈现正相关关系，固定资产投资越多的地区农村人口越多；lnDTIFA 的回归系数为 -0.6386，通过显著性检验，说明固定资产投资密度与农村人口呈现负相关关系，固定资产投资密度越大的地区，农村人口越少。

但是在本次回归模型中，农村人口在空间上对 GDP 没有产生显著的空间依赖效应，是假设中没有预想到的。经过分析，原因可能有两个：首先，符合全世界的普遍情况，也符合我国的现实，我国的 GDP 总量居世界第二，而城镇化率却远不如英国、日本、韩国等国家，说明农村人口与 GDP 并不是直接挂钩的；其次，GDP 的发展对农村人口的变化可能在时间上有一定滞后效应。吴玉鸣在研究中验证了创新投入产出的效应，解释变量的数据采用滞后了被解释变量两年，并取得了较好的研究结果[182]。因此，本书认为有必要通过将数据滞后两年验证农村人口的变化对 GDP 产生的空间依赖效应，并以此为基础，验证近五年的各项数据指标在回归模型中的拟合度及显著性。

本书采取了在上述分析的逻辑基础上，使用同样的模型构建方法，及模型选择办法，将近五年的 GDP、人均 GDP、全社会固定资产投资、全社会固定资产投资密度作为解释变量交叉使用，验证对被解释变量农村人口的空间依赖作用。在此因为篇幅问题，就不一一列举试验数据，经几轮计算，最后发现 2012 年的 GDP 数据、2011 年的人均 GDP、2012 年的固定资产投资数据、2011 年的固定资产投资密度数据作为解释变量的 SEM 模型最优。具体如表 5-5 所示。

SLM 和 SEM 的统计结果　　　　　　　　　　表 5-5

变量	SLM			SEM		
	回归系数	Z 统计量	P 值	回归系数	Z 统计量	P 值
α	−7.2712	−3.0035	0.0027	−3.3287	−2.0015	0.0453
$\ln GDP_{12}$	0.6488	3.5131	0.0004	0.7030	4.6802	0
$\ln PERGDP_{11}$	−0.8096	−3.3906	0.0007	−0.8323	−4.2386	0
$\ln TIFA_{12}$	0.8815	4.1851	0	0.6796	3.9835	0.0001
$\ln DTIFA_{11}$	−0.6545	−8.2782	0	−0.7260	−10.8941	0
R^2	0.9206	—	—	0.9389	—	—
LogL	−5.4727	—	—	−2.0010	—	—
AIC	22.9454	—	—	14.0020	—	—
SC	32.7710	—	—	22.1900	—	—

如表 5-5 所示，参考 LogL、AIC、SC 三个指数，SEM 模型的拟合度优于 SLM，因此 SEM 更适合本次空间回归分析，并且所有系数均通过了 5% 的显著性检验。由 SEM 模型可以得出 [公式（5-10）]：

$$\ln RRESP_{14} = -3.3287 + 0.7030\ln GDP_{12} - 0.8323\ln PERGDP_{11} + \\ 0.6796\ln TIFA_{12} - 0.7260\ln DTIFA_{11} \tag{5-10}$$

基于上述回归模型，可以进一步总结为 [公式（5-11）]：

$$\ln RRESP_{i,\,t} = -3.3287 + 0.7030\ln GDP_{i,\,t-2} - 0.8323\ln PERGDP_{i,\,t-3} + \\ 0.6796\ln TIFA_{i,\,t-2} - 0.7260\ln DTIFA_{i,\,t-3} + \varepsilon_{i,\,t} \tag{5-11}$$

式中　i——研究个体（区县）；

　　　t——表示年份；

　　　$\varepsilon_{i,\,t}$——为随机扰动项。

在上述模型中可以看到，调整后的 R^2 达到了 0.9206，所有 P 值均小于 5%，并且除了常数，其他四个解释变量的回归系数均通过了 5‰ 显著性的检验，因此整体模型成立，并且拟合度、显著性均优于第一次回归的模型。在模型中可以看出，四个解释变量对农村人口的影响均有时间滞后的效应，GDP 与固定资产投资对农村人口的影响为正相关，且影响程度在两年后达到最大。人均 GDP 与固定资产投资密度对农村人口的影响为负相关，且影响程度在三年后达到最大。因此，也推翻了第一次回归分析中，GDP 对农村人口影响并没有显著性的结论。

5.7.3　结果与讨论

通过对重庆市 38 个区县的相关数据，使用 OLS、SLM、SEM 模型的回归分析，验证了 H_4 的部分假设，验证了 H_5 的全部假设，具体如下：

（1）农村人口作为被解释变量，对解释变量 GDP、人均 GDP、固定资产投资、固定资产投资密度有显著的空间依赖性。在空间模型回归分析中发现，若均使用 2014 年数据，SLM 模型的极大似然值比 SEM 模型、OLS 模型大，而 AIC、SC 比 SEM 及 OLS 小，因此 SLM 模型更是适合同一年数据的回归分析。在过程中分析发现，2014 年 GDP 对农村人口的影响并没有通过显著性验证，与现实分析中稍有不同。后又借鉴其他研究人员的分析，认为解释变量影响被解释变量时会有一定的时间滞后性，因此本书将近 5 年的数据交叉使用，对 2014 年的农村人口进行回归分析。将每一次的回归分析都经过 SLM、SEM 的选择分析，然后通过各回归系数的显著性验证进行甄选。最后选择了 2012 年的 GDP、2011 年的人均 GDP、2012 年的固定资产投资、2011 年的固定资产投资密度作为 2014 年的农村人口的解释变量，模型选择中发现 SEM 模型的极大似然值比 SLM 大，而 AIC、SC 比 SLM 小，因此 SEM 模型更适合本次回归分析，并且所有回归系数均通过显著性认证。

（2）从公式（5-11）可以看出，回归系数绝对值最大的是人均 GDP，也就是说对农村人口空间集聚分布影响最大的是人均 GDP，而且是三年前的人均 GDP。同时可以看出，人均 GDP 呈现出负相关，也就是说人均 GDP 越大的区域其能影响其周边区域农村人口出现流失的状态，结果与预期 H_4 中完全一致。因为人均 GDP 衡量着一个地区的经济发达程度，所以，越发达的地方越吸引周边地区的农村人口向其流动，从而导致周边人均 GDP 较低地区的农村人口流失，成了城市中的常住城市人口。相当于城市的拉力与农村的推力同时对农村人口的迁移起到了合力的作用，既符合雷文斯坦的"迁移法则"，也符合蒂伯特的"用脚投票"理论。

GDP 的表现则与人均 GDP 不同，GDP 的回归系数在其他的回归计算中并没有通过 5% 的显著性检验，只有在特定的不同年份解释变量的组合中才勉强通过显著性检验。GDP 与农村人口表现为正相关，即某区县 GDP 越大越能影响其本身及周边区域的农村人口增多。这种现象与预期假设 H_4 并不完全一致，分析认为，有可能是近几年重庆市加大了区县的发展，使得贫困区县得到发展，并投入了大量的资金培育农村产业，增加了当地农村人口居留的意愿，减少了农村对农村人口的推力，从而产生了这种现象。同时，GDP 对农村人口的影响系数比不如其他解释变量显著性强，在其他年份的分析中并没有通过显著性检验也代表其对人口的影响并不是绝对的，会有一些离散现象。

固定资产投资的表现与 GDP 类似，但固定资产投资的回归系数非常稳定，并且极其显著（显著性小于5‰）。其与农村人口表现为正相关，即某区县固定资产投资越多，越能使其本身及周边区域的农村人口增加。与GDP的表现同样与预期假设H_4不一致。结合对GDP的分析，本书认为，此现状应与重庆市大力投资主城区周边道路及基础设施有关，毕竟重庆市渝东南翼与渝东北翼均为欠发达山地地区。还有以万州为代表的固定资产投资在近些年快速增长，使得其周边交通及固定设施也快速发展。从而减小了与城区的差距，在一定程度上降低了农民从农村迁往城区的意愿。

固定资产投资密度则与人均GDP相似，具有稳定的回归系数，显著性也通过了5‰的检验。与农村人口表现为负相关，即某区县固定资产投资密度越大，越能使其本身及周边区域的农村人口减少。结合人均GDP的研究分析来看，本书认为固定资产投资密度高代表着此处经济较为发达，以主城区为主。就业机会也多，因此吸引着大量的农村人口进城成了城市常住人口，也就减少了农村人口的存在，因此验证了预期假设H_4。

（3）从整体来看，解释变量农村人口均对四个解释变量产生了空间依赖现象，且极其显著。即代表本书在中观层次，将经济产业与固定资产投资作为乡村聚居发展动力机制的主要部分是成立的。同时，GDP、固定资产投资与农村人口呈现正相关关系，人均GDP、固定资产投资密度与农村人口呈现负相关关系，从而验证了H_4假设的一部分，稍有差异。而在后续的模型优化过程中发现，2011年人均GDP、固定资产投资密度、2012年GDP、固定资产投资总额对2014年的农村人口分布的影响最大，因此也验证了前期假设H_5。

5.8　乡村聚居中观动力机制构成与分析

在上一章以乡村居民为主体的乡村聚居微观机制研究中，主要研究的是农村的推力对乡村聚居的影响。发现城镇的拉力对其影响更为有力，因为现阶段的农村大部分年轻劳动力均已进入城镇工作或生活。城镇化的快速发展，吸引大量农村人口进城生活工作，这就是乡村聚居在现阶段衰败及空心化的主要原因，城镇化对乡村发展的影响深远。因此，本章以重庆地区为例，在县域空间针对城镇化对农村人口的拉力进行了研究。

经过研究可以看出，常住人口和人口密度在重庆县域空间上均具有空间集聚效应，即某区县的人口变化会影响相邻区县的变化。随着时间的推移，常住人口和人口密度会随着社会经济的发展产生一些变化，但是总体格局却始终稳定，比如2014年长寿出现的常住人口局部"高－高"分布现象，是由重庆钢铁集团搬迁产业调整所致，巴南也出现了类似现象。但是却很难改变渝东南翼和东北翼的整体人口发展态势。在对农村人口与城市人口的比较中发现，农村人口与城市人口的空间集聚效应均比常住人口

（常住人口为城市人口与农村人口的总和）强几倍，城市人口的空间集聚性比农村人口要更强、更显著。这种现象与城镇化的发展研究吻合，乡村居民受到各种因素的影响首先向各区县城区迁移，其次集中向主城区迁移，构成了重庆市现阶段的城镇化态势。

乡村居民的迁移构成了城镇化的表象，而经济产业和固定资产投资则构成了城镇化的内在机制。在上述小节研究中，经济产业指标中 GDP 与人均 GDP、固定资产投资指标中固定资产投资与固定资产投资密度（2013 年、2014 年）出现了显著的空间集聚效应，并因此进行了空间计量模型回归分析。因此，判断农村人口在城镇化进程中的县域空间迁移，受到 GDP、人均 GDP、固定资产投资、固定资产投资密度四个指标的显著影响。在进一步的回归分析研究中发现，地区内的两年前 GDP 发展水平、三年前人均 GDP 水平、三年前固定资产投资密度、两年前固定资产投资水平对当年农村人口的空间集聚影响最为显著。

综上所述，在本节的研究中，使用了空间计量经济学的分析方法，运用空间自相关性、集聚效应及空间回归模型分析各项主要指标对农村人口迁移的影响，并进行了空间计量回归之后，发现 GDP、人均 GDP、固定资产投资总额、固定资产投资密度对农村人口的县域空间迁移有显著的影响，以此构成了本书中的乡村聚居中观动力机制，如图 5-14 所示。其中，各项指标对农村人口迁移的影响力约滞后 2~3 年，如图 5-15 所示。

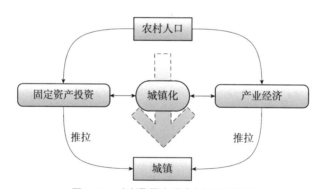

图 5-14　乡村聚居中观动力机制示意图

图 5-15　农村人口迁移影响要素示意图

5.9　本章小结

本章主要在中观层次，即在县域空间，基于县际竞争与城镇化理论，采用空间计量经济学的分析方法，解决了预期的假设，构建了县域空间的乡村聚居发展动力机制。具体如下：

本章节收集了重庆市 38 个区县、2005—2014 年的数据，使用了全局空间自相关分析、局部空间自相关分析方法，对常住人口、城市人口、农村人口、人口密度、GDP、人均 GDP、第一产业 GDP、固定资产投资总额、固定资产投资密度指标进行了空间自相关分析。发现常住人口、第一产业 GDP 在空间集聚中并不明显，其他指标均出现了明显的空间集聚效应，尤其以城市人口的空间集聚效应最明显。并通过局部空间自相关分析了具体的各区县各指标的 LISA 集聚效应，验证了假设中的 H_1、H_2、H_3 大部分的内容。人口在县域空间分布集聚有空间自相关规律，城市人口与农村人口在近几年空间集聚效应尤为明显，城市人口空间集聚效应更强。经济产业的发展在县域空间分布的空间集聚自相关显著，第一产业空间集聚现象明显，固定资产投资总额、固定资产投资密度均在县域空间分布上呈现了显著的空间自相关效应。在局部空间自相关分析中，发现空间集聚现象主要集中在三个组团，首先就是主城区各项指标集聚效应均很强，其次是渝东北，以万州为中心辐射周边，然后是渝东南以酉阳为中心，辐射周边区县。其中，主城区的辐射能力越来越强，区域也越来越广，而渝东北、渝东南受其影响则并不太明显。

在空间自相关分析的基础上，以解释乡村聚居发展动力机制为目的，将农村人口作为被解释变量，GDP、人均 GDP、固定资产投资、固定资产投资密度作为解释变量。使用 OLS、SLM、SEM 模型的回归分析，筛选了回归模型，并使用滞后了 2~3 年的解释变量进行了空间回归模型优化，发现 SEM 模型最适合本次的回归计算研究。同时，验证了 H_4、H_5 的假设，农村人口在空间分布上，对经济产业、固定资产投资呈现明显的空间依赖性，其中对人均 GDP 的空间依赖性最强，对固定资产投资总额空间依赖性最小，人均 GDP、固定资产投资密度对农村人口为负影响，GDP、全社会固定资产投资总额是正影响。经济产业、固定资产投资对农村人口的影响有明显的时间滞后现象。农村人口将随着周边地区经济产业、固定资产投资的变化而变化，乡村聚居自然也随着农村人口增减而扩缩，并以此构成了本书中的乡村聚居中观动力机制。

6

基于户籍、土地制度与乡村政策分析的宏观动力机制研究

6.1　引言

"城乡二元结构"基础性制度是户籍壁垒,从《中华人民共和国户口登记条例》开始,直至今天仍然没有完全去除户籍制度的影响。在城镇化快速推进过程中,城乡不同的土地制度又成了二元结构重要的铸造者。城乡二元结构影响着乡村聚居发展,因此研究构成城乡二元结构的户籍、土地相关政策具有重要意义。乡村政策亦是重要课题,分析其对乡村聚居的影响亦具有现实意义。

因此,本章主要内容安排:第一部分,在现行户籍制度的变革基础上分析了户籍制度对乡村聚居的影响机制,同时对重庆市地方户籍政策进行了分析;第二部分,通过阐述现行土地制度的演变分析对乡村聚居发展的影响,并对重庆市土地制度改革成效进行了分析讨论;第三部分,对乡村政策进行了定性分析,分析了其对乡村聚居的影响机制;第四部分,以户籍制度、土地制度和乡村政策相互作用机制构成了乡村聚居宏观发展动力机制。

6.2　户籍制度的影响

6.2.1　现行户籍制度的变迁

中国现行户籍制度经历了多次变迁及发展,到近期各地市试行的户籍改革制度都是在不停地随着中央政府对经济发展的把控及理解而变化。

现行的户籍制度的开始应源于1949年中华人民共和国成立以后,而形成了现有的户籍制度原型(表6-1)。而在现行的户口登记制度的原型出现以前,中国政务院和劳动部分别在1953年和1954年发布《关于劝止农民盲目流入城市的指示》和《关于继续贯彻劝止农民盲目流入城市的指示》,劝止农村劳动力进城,原因是担心农民盲目入城会导致城市失业人口增加,农村劳动力减少造成农业生产的损失。

中华人民共和国成立后初期关于人口的政策文件　　　　　　　　表6-1

年份	政策文件、条例名称
1953年	《关于劝止农民盲目流入城市的指示》
1954年	《关于继续贯彻劝止农民盲目流入城市的指示》
1958年	《中华人民共和国户口登记条例》

《中华人民共和国户口登记条例》将限制农村人口转移的户籍制度固定下来。这

一条例与以前及以后颁布的相关法律、法规如粮票供应制度、凭户口就业制度、凭户口领取福利保障制度共同构建了仍在不断变革的城乡二元户籍制度。

改革开放后，最初由 1984 年的《中共中央关于一九八四年农村工作的通知》来开启户籍制度改革的序幕，开启农民涌向城镇务工经商的闸门，是中国户籍制度改革的最先声（表 6-2）。而由于各种原因，后续过程中改革阻力较大。

改革开放后关于户籍改革的政策文件 表 6-2

年份	政策文件名称
1984 年	《中共中央关于一九八四年农村工作的通知》
1989 年	《关于严格控制"农转非"过快增长的通知》
1992 年	《关于实行当地有效城镇居民户口制度的通知》
1997 年	《小城镇户籍管理制度改革试点方案》
2001 年	《关于推进小城镇户籍管理制度改革意见》
2014 年	《国务院关于进一步推进户籍制度改革的意见》

直到 1997 年，《小城镇户籍管理制度改革试点方案》批准出台，鼓励符合一定条件的乡村人口在小城镇办理城镇常住户口。主要促进乡村剩余劳动力就近、有序地向小城镇迁移，同时控制大中城市的人口发展，使户籍制度真正地走向了以"疏导"为导向的改革。

2001 年国务院《关于推进小城镇户籍管理制度改革意见》出台，对城镇常住户口的管理不再实行强制性计划指标制约，为户籍制度改革迈出了一大步。2014 年国务院批准发布了《国务院关于进一步推进户籍制度改革的意见》，要求全面放开建制镇和小城市落户限制，有序放开中等城市落户限制，合理确定大城市落户条件，严格控制特大城市人口规模，虽然仍然控制了人口的自由流动，但除了特大城市，中小城市和建制镇已经基本放开农村人口的管制。尤其是"现阶段，不得以退出土地承包经营权、宅基地使用权、集体收益分配权作为农民进城落户的条件。"2022 年 7 月 12 日，发展改革委网站消息，国家发展改革委印发"十四五"新型城镇化实施方案提出，放开放宽除个别超大城市外的落户限制，试行以经常居住地登记户口制度。更进一步促进了乡村居民的自由迁徙。

重庆市户籍制度改革是当时唯一一个省级单位的改革试点，主要缘于 2007 年 6 月，国家正式批准重庆作为成渝统筹城乡综合配套改革试验区。之后，重庆市委市政府根据国务院 2009 年《关于推进重庆市统筹城乡改革和发展的若干意见》，制定了《重庆统筹城乡综合配套改革试验总体方案》，并获国务院批准，从 2010 年 8 月 15 日开始实施。其改革重点主要是，将已经在城市稳定就业、具有稳定住所或纳税能力的农村户籍人口转为城市户籍。目标是到 2020 年重庆市户籍人口城镇化率达到 60% 以上，1000 万农村居民转为城市居民。而实际情况远远超出预期，在 2020 年重庆市城镇化率高达 66.8%。之所以重庆改革能够取得重大突破，是因为正视大规模农村人口集中转城市户籍的问题，将转化为城市户口后的就业、社保、住房、教育、医疗等五个方面纳入城镇保障体系。随着新的国家户籍制度改革文件发布，重庆市也随之在 2015 年颁发了新的《重庆市人民政府关于进一步推进户籍制度改革的实施意见》，其中，主要以国家改革条例为主线，强调了居住证的作用，同时维持了重庆之前的户籍制度改革特色。

6.2.2　户籍制度对乡村聚居的影响

中华人民共和国成立初期形成的户籍制度限制了农民自由进城的权利，是中国城乡二元机制形成的制度基础。现行户籍制度改革仍然在努力破除城乡二元分化的影响，仍然保持着对农村人口强大的影响力。但是，户籍制度是我国的基本制度之一，涉及的因素方方面面，对乡村聚居的影响复杂多变，全面系统地分析户籍制度的影响超出了本书的研究范围，因此结合本书的主要核心，分别在三个不同历史时期分析当时的户籍制度对乡村聚居的影响力，研究其作为乡村聚居发展动力要素的角色。

1. 二元户籍严格管制阶段（1949—1978 年）

城乡二元户籍制度伴随着中华人民共和国成立初期计划经济体制的建立而形成。在这个时期，由于国情需求，一直都在控制着乡村居民在农村与城市之间的流动。

1956 年后很多地方大批农村人口进入城市，经招工而转变为城市居民。据统计资料，在 1958 年全国就约有 1100 万名农村劳动力转化为城市工人阶层，城市人口比上一年净增 1650 万人。随后遇到了"三年困难时期"，国家和人民遭到重大损失。因此，如图 6-1 所示，农村人口自 1958 年开始下降，直至 1960 年，1961—1962 年又开始恢复增长。其中缘由是，1961 年 6 月中央发布《关于减少城镇人口和压缩城镇粮食销量的九条办法》，城镇人口要在三年内必须减少 2000 万人以上，产生了政策制度支配的逆城市化现象，导致农村人口在之后的几年迅速增长，后续国民经济慢慢得到缓解。

可以看出，在这个计划经济阶段，户籍制度与农村政策以具有强有力、决定性的力量来控制农村人口与城市人口的数量。其既然是自上而下的计划，自然会有其滞后性，也导致了该阶段关于人口的制度的频繁变迁。中央试图不断地控制农村人口与城

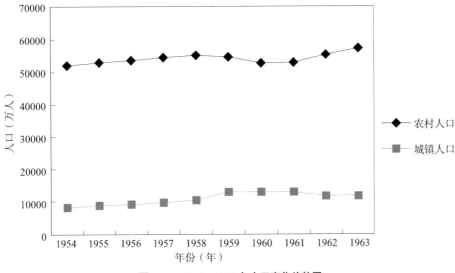

图6-1　1954—1963年人口变化趋势图

市人口的比例来发展国家经济。此时乡村聚居发展动力机制几乎完全依托于户籍制度的变化。

2. 二元户籍制度松动阶段（1979—1991年）

确立了改革开放的战略方向以来，城乡经济结构发生了深刻变化，国家开始逐步调整和改革户籍制度。这段时间可以说是准市场经济时期的户籍制度改革，从图6-2和图6-3中可以看出，城镇人口在稳定增长，农村人口稳中有降，说明城镇人口增长大部分是靠农村人口流入所得。同时可以看出，这段时间中城市人口增长率剧烈变动，1990年左右降到了最低。因为在这段时间中，1984年1月1日，《中共中央关于一九八四年农村工作的通知》开启了小城镇户籍改革，开始鼓励农村人口有条件地向城市转移，然后就在1984年城市人口增长率达到了改革开放后的最高值，接近8%，农村人口也随之第一次在改革开放后降到了负值，但是第二年情况得到了缓解。同理，在1990年城市人口增长率达到了改革开放后的最低点，仅有2%，农村人口增长率达到了改革开放后的最高点，这并不是偶然现象，是因为1989年10月31日，国务院紧急发出了《关于严格控制"农转非"过快增长的通知》。通知认为，由于缺乏统一规划与宏观管理，不少地区对"农转非"政策放得过宽，控制不严，致使"农转非"人数增长过快，规模过大，超过了财政、粮食、就业以及城市基础设施等方面的承受能力，因此采取了加强"农转非"的宏观管理，同样，在1991年城市人口增长率和农村人口增长率又得到了一定的反弹。

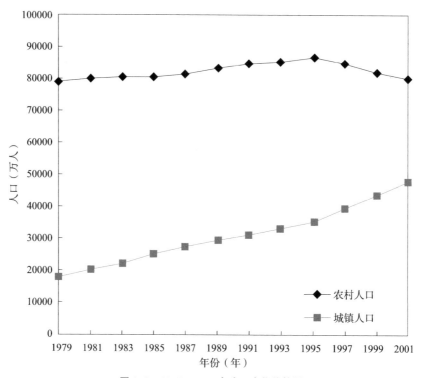

图 6-2 1979—2001 年人口变化趋势图

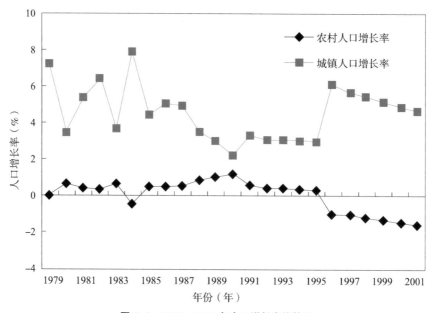

图 6-3 1979—2001 年人口增长率趋势图

在这段时间，因为中国开始了改革开放的步伐，农村与城市社会经济环境均得到改善，人口自然增长率得到了提高，也因此在这段时间中央每次变更户籍制度时，均会有大幅度的变化，可以看出户籍制度在这段时间中，对乡村聚居的影响起到了"开关"的作用，农村人口增长率与户籍制度的管制息息相关。

3. 户籍制度改革转折点（1992—2001 年）

在这段时期内，社会经济发展趋于稳定，城镇化稳步推进，农村人口与城镇人口的增减基本挂钩，说明影响农村人口变化的主要原因已经不是自然生育率而是城镇化对其的影响。其中在1995年，从图6-3中可以看出，城镇人口增长率呈现爆发式增长，而农村人口增长率开始长期步入负增长时期。是因为国务院批准的《小城镇户籍管理制度改革试点方案》正式出台，其方案比1984年的通知进步很大，明确提出农民可以进入小城镇（含县级市和建制镇），而不仅仅是小集镇（含建制镇和其他集镇）。虽然该文件仍然在制度上对农民进城落户有一定的限制，如限制农民进入大中城市、农民进入小城镇落户必须首先将承包地和自留地上交等。但是此方案依然开启了中国快速城镇化的大门。自此，乡村开始了真正意义上的衰落，开始了空心化的进程，城乡差距被越拉越大。

此阶段，1995 年的政策又充当了中国农村向城镇流动的"开关"，在放开的时候，一直向往城镇生活的乡村居民就会迫不及待地涌入城市，使得乡村聚居的人口规模急剧减少。

4. 2002 年之后至今

随着以市场为导向的经济体制改革的不断深入，我国社会、经济均取得了较大的突破，户籍制度的弊端日益显现。城乡二元格局并未破除，城乡差距反而拉大，户籍制度严重影响了城镇化进程，亦制约着中国的社会经济发展。

在这段时间，自 2011 年国务院批转《关于推进小城镇户籍管理制度改革的意见》后，对小城镇常住户口的管理，根据本人意愿均可办理，不再实行计划指标管理，并相应调整了大中城市户口转移政策。中央政府开始依据各地发展情况，允许地区自行进行户籍制度改革试点，自此标志着中央政府对农村人口的流动开始了以疏导为主的战略方针。如图 6-4 所示，在 2010 年，中国城镇人口与乡村人口的比重反转，中国开启了城镇人口比乡村人口多的时代。

分析得出，这一时期农村人口的变化均在稳步减少。在 2012 年 2 月，国家出台了《国务院办公厅关于积极稳妥推进户籍管理制度改革的通知》，2013 年 11 月出台了《中共中央关于全面深化改革若干重大问题的决定》，2014 年 7 月 30 日出台了《国务院关于进一步推进户籍制度改革的意见》，其中并未完全破除户籍制度壁垒，亦在不断

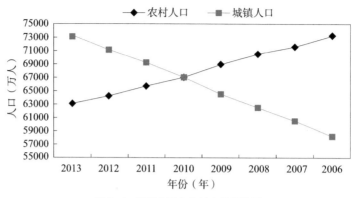

图6-4   城镇人口与乡村人口变化图

地调整户籍制度的桎梏。农村人口与城镇人口的变化非常平稳有序，并不再像之前每出台一个户籍政策的时候，均会出现猛增猛减的现象。可以看出，在这段时间的户籍制度改革已无法作为农村人口迁移的"开关"了，户籍制度的作用也仅限于在控制大城市户籍人口上了，甚至连大城市常住人口都影响甚微。

5. 总结与讨论

户籍制度伴随计划经济体制建立而建立，至今仍未完全摒除。毫无疑问，户籍制度是研究人口城乡转移最多的一项制度。中国户籍制度改革前，甚至直到改革后一段时间，截至1995年，户籍制度都是政府控制农村人口转为城市人口的最有效的手段。每当户籍制度稍微放开对农村人口的管制，乡村居民积攒已久的迁居意愿就会爆发，纷纷涌入城市，反之，政府收紧管制农村人口流动的时候，城镇化发展也停止爆发。因此，户籍制度掌握着农村人口流动的渠道，本书将其对乡村聚居发展的影响力定义为"开关"，意指掌握着农村人口流动的正与负，决定着农村发展的生死。直到2001年之后，户籍制度充当的角色则慢慢地从"开关"转变成了"栅栏"。户籍制度作为影响乡村聚居发展的重要因素，在市场经济快速发展的条件下，其影响力正在减弱，但并不代表其影响力小于其他因素，因为户籍制度作为中国政府长期使用的宏观调控工具对乡村聚居的发展依然具有不可小视的影响力。

在1995年之后，户籍制度改革释放了一部分的人口红利，配合中国经济得以腾飞，乡村聚居则相反逐渐地空心化，与城市发展相背而行。看似户籍制度在表面上，保护了乡村聚居的发展，延缓了乡村聚居在整体趋势上的衰退。但是，从本质上，其加剧了城乡割裂，阻碍了城乡统筹，加剧了社会分化。与工作、消费、教育、社会保障等利益直接挂钩，不同的户籍有不同的待遇，加大了贫富差距。使乡村长期处于发展缓慢的状态，打断了正常的迁居意愿的需求，扰乱了正常发展趋势，从而使乡村聚居不断衰败。此现象也是后续乡村振兴战略提出的大背景。

6.2.3　重庆户籍制度改革的成效

重庆户籍制度改革自 2010 年 8 月 15 日《重庆统筹城乡综合配套改革试验总体方案》发布开始，以解决农民工城镇户口为突破口，全面开始了重庆特色的户籍制度改革，目标是 2020 年全市户籍人口的城镇化率达到 60% 以上。实际已远远超越目标。重庆改革被认为是中国超大城市第一次以破除户籍制度城乡二元体制为目标，有序地组织大部分乡村居民合法、没有顾虑进城的一次破冰式改革。下面将从两个方面讨论重庆户籍制度改革对乡村发展的影响。

1. 2011 年的突变

本书将 2010 年与 2011 年农村人口的空间自相关性作了比较（图 6-5 和图 6-6），发现在 2010 年重庆推行户籍制度改革后，在 2011 年发生了突变，使农村人口在重庆市县域空间上更具有空间自相关性，且变化幅度接近 100%。因此我们可以认为，在

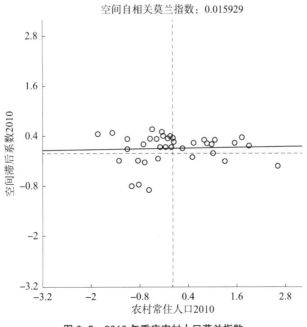

图 6-5　2010 年重庆农村人口莫兰指数
（资料来源：作者自绘）

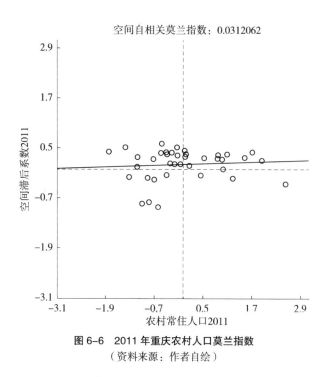

图 6-6   2011 年重庆农村人口莫兰指数
（资料来源：作者自绘）

2011 年，重庆市有大量的农村人口进入城市，成为城市人口，而且这种行为是有空间溢出效应的，即是说越是相邻的区县越具有相同的进城行为。而在局部空间相关性的分析中，并没有太多的变化，因此，可以认为在此阶段，重庆各区县吸收了大量的各自的农村人口，并没有出现大量的跨区的人口迁移。说明重庆市户籍制度改革的政策被各区县的农村人口盼望已久，促进了农村人口的正常流动。

2. 户籍改革目标提前完成

从图 6-7 中，可以看出，重庆市在 2015 年城镇化率即达到了 60% 以上，提前 5 年的时间完成了户籍改革的目标——"到 2020 年重庆市城镇化率 60%"。可以看出，重庆市户籍改革释放了农村人口的迁居意愿，顺应了社会发展需求，城镇化得到了快速的发展，同时农村人口迅速减少，说明重庆市户籍改革对农村人口的影响是水到渠成，且有加速农村人口向城市人口转变的效果。

有研究通过实证数据分析，重庆市的户籍制度改革确实缩小了城乡收入差距，这主要是由于户籍制度改革缓解了劳动力自由流动的体制内的障碍，而且初步调整了劳动力市场的就业机会的公平性，同时户籍制度改革也可能消除了农民工人和城镇工人同工不同酬的户籍歧视，有助于统筹城乡居民社会福利待遇均等化，因此，户籍制度改革有助于缩小城乡收入差距[183]。

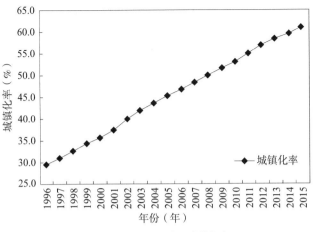

图 6-7　重庆市直辖后城镇化率

基于本书的重点不同，一一分析户籍改革对乡村聚居各个方面的影响力颇有难度。总体来说，重庆市的户籍改革确实对当地的农村发展产生了巨大的影响，农村人口是减少了，但是乡村聚居是否得到了健康发展，还有待于进一步的时间检验。重庆市的户籍改革对乡村聚居影响更大的层面在于其与重庆市土地制度改革是同时挂钩进行的，因此本书将在重庆市土地改革中继续对乡村聚居的影响研究。

6.3　农村土地制度的影响

6.3.1　农村土地制度的演变

农村土地制度是在农村土地所有制的基础上，由国家通过正式的制度安排来确立这一农地所有制的规则。农村土地所有制即是在一定社会生产力发展水平决定下的农业劳动者与农地的相互关系，是指由政府（或者其他约定俗成）规定的反映各农业经济体与农地之间的生产关系的一系列规则安排[184]。我国是社会主义土地公有制，即全民所有制和劳动群众集体所有制。本书讨论农村土地制度改革是基于中国社会主义土地公有制基础上对乡村聚居发展的影响，时间范围主要为 1978 年实行改革开放后。

1978 年秋，安徽省凤阳县小岗村率先恢复包产到组、包产到户等生产责任制，开启了我国农村经济体制改革的新篇章。随后，在全国得到迅速发展，进而实行土地集体所有、家庭承包经营制度。1982 年和 1983 年两个中央一号文件提出，从两方面对人民公社体制进行改革，实行生产责任制，特别是联产承包制；实行政社分设。标志着以土地集中经营、集中劳动为特征的人民公社体制停止，很快被充满生机与活力的家庭联产承包责任制所代替。自此，农村土地制度在所有权不变的基础上，创新性的土地使用制度改革进入全面迅速发展阶段。1984 年年初，《中共中央关于一九八四年农村工作的通知》，对土地家庭承包制重新整理进行了管理及规范，以家庭承包经营为基础的双层经营体制初步形成。直到 1999 年 3 月，《中华人民共和国宪法修正案》于第九届全国人民代表大会第二次会议通过。其中，"以家庭联产承包为主的责任制"修改为"农村集体经济组织实行家庭承包经营为基础、统分结合的双层经营体制"。以宪法的形式明确，代表着以家庭承包经营为基础、统分结合的双层经营体制作为我国农村基本经营制度的法律地位的正式确立，形成农村土地承包关系长期稳定的法律法规，给予农民稳定长期保障的土地使用权。

2005 年在《中华人民共和国农村土地承包法》基础上，《农村土地承包经营权流转管理办法》开启了"土地流转"合法化的道路。其中提出，"农村土地承包经营权流转应当在坚持农户家庭承包经营制度和稳定农村土地承包关系的基础上，遵循平等协商、依法、自愿、有偿的原则"。从法律上确定了土地制度的再次变革，要求"农村土地承包经营权流转应当规范有序。依法形成的流转关系应当受到保护。"农村土地流转是中国土地使用制度的重大变革，土地流转有利于促进农民获得财产性增收，改善了农村经济发展的环境体制，无疑是中国农村土地制度的重大变革。在土地流转的政策开始施行后，2006 年 4 月，四川、山东、湖北、天津、江苏五省市被国土部列为第一批城乡建设用地"增减挂钩"[①]试点。之后国土部于 2008 年 6 月颁布了《城乡建设用地增减挂钩管理办法》，2008、2009 年国土部又分别批准了 19 个省份加入增减挂钩试点。

6.3.2　农村土地制度对乡村聚居的影响

改革开放后，在农村土地集体所有制不变的基础上，开始逐渐在农村土地使用权上作土地制度的改革。本书将从所有权即土地产权制度和使用权即土地流转制度两方面，分析农村土地制度对乡村聚居的影响。

---

① 城镇建设用地增加和农村建设用地减少相挂钩（简称挂钩）是指依据土地利用总体规划，将若干拟整理复垦为耕地的农村建设用地地块（即拆旧地块）和拟用于城镇建设的地块（即建新地块）等面积共同组成建新拆旧项目区（简称项目区），通过建新拆旧和土地整理复垦等措施，在保证项目区内各类土地面积平衡的基础上，最终实现建设用地总量不增加，耕地面积不减少、质量不降低，城乡用地布局更合理的目标，也就是将农村建设用地与城镇建设用地直接挂钩，若农村整理复垦建设用地增加了耕地，城镇可对应增加相应面积的建设用地。

1. 土地产权制度对乡村聚居的影响

我国现行的农村土地所有制是集体所有，而农民只有使用权。中国的《中华人民共和国宪法》《土地管理法》等重要法律都已明确规定"农村土地归农民集体所有"。但是，法律规定并不明确"集体"与乡村居民个体之间的逻辑关系，农民不能成为土地财产的主体。近年来，快速的城镇化已破坏了中国大部分乡村原有的社会运行体系，缺乏有效地行使集体所有权的组织形式和程序[185]。模糊的农村土地产权关系造成了农民土地基本权益无法得以保障。费孝通认为，经济体制的改革，特别是家庭联产承包责任制的创新，加速了有限的农村土地资源与大量的农村剩余劳动力之间的矛盾，促使农民向小城镇转移，寻求生产、生存空间[80]。而制度经济学中，认为产权的激励约束功能是在清晰的产权界定的情况下才能发挥作用。而农村土地属集体所有，产权逻辑不清晰，这也导致乡村居民所有的土地产权与一般的财产权相比具有一定的残缺性。如果农村土地的产权属性无法对乡村居民的行为进行鼓励和约束，则与户籍制度共同增加了农民向城镇迁移的机会成本，阻碍了乡村居民的自由迁移，影响了正常的乡村聚居发展动力。

周其仁认为国家在一系列土地制度变迁中的行为动机及所有权的残缺造成了农村集体经济效率的低下[186]。农村土地承包责任制是一种兼顾了所有制与使用权冲突的制度，但是其对农民土地使用权的长期保障，使制度对农村经济发展起到极大的促进作用。中国农地制度的不同创新形式可以缓解农业生产中紧张的人地关系矛盾[187]。

"离土不离乡，进厂不进城"式的乡村工业化道路，在1990年年初的学术界讨论中，一度被认为是破除中国城乡二元体制的救星[188]，然而在后续的城镇化浪潮中那一批繁荣过的乡镇企业大多失败倒闭。但并不是所有国家类似的发展道路都失败了。在工业化起步阶段的很多国家，乡村工业化同样对经济发展起到了重要的作用，随着乡村工业的发展，人口不断集中，逐步发展成为城市，最终实现了乡村城镇化，比如在英国工业革命时期兴起的城镇[189]。我国20世纪80、90年代看到了乡村工业化的趋势，但是正是由于土地性质、产权的限制，这些本来繁荣发展的村庄无法像城市发展那样顺利，导致我国在80、90年代农村工业化难以为继，城乡统筹发展难以实现。农村土地集体所有制形成了村庄的封闭性，使村庄资源无法在一个更大的范围内进行配置，城乡统筹发展缺乏持续动力，从而加速了农村的空心化，乡村聚居濒临崩溃。

孟子曾说"有恒产者有恒心，无恒产者无恒心"。这句话更适合现在的乡村聚居发展，土地集体所有制把所有权与使用权分离，乡村居民缺失直接支配权利。乡村居民为了经济利益涌入城市，加快了农村空心化的趋势，亦增加了城镇化的速度，影响了乡村聚居的可持续发展。

2. 土地流转制度中"增减挂钩"对乡村聚居的影响

土地流转制度是基于家庭联产承包责任制的发展，最初是在 1995 年，第一次于国务院批转农业部《关于稳定和完善土地承包关系的意见》这一国家政策文件中出现"土地流转"，其要求是，首先不能改变土地集体所有制度、不改变土地农业用途，然后经发包方同意，允许承包方自愿在承包期内，对承包标的依法转包、转让、互换、入股，其合法权益受法律保护。从本质上讲，1995 年的政策主要是在家庭联产承包责任制的基础上，进一步释放乡村居民的积极性。然而 2011 年的数据显示，中国家庭承包耕地流转面积仅占全国家庭承包经营耕地面积的 17% 左右。说明乡村居民对这种土地流转的意愿并不高，究其原因是土地流转关系不明确，农村土地的使用权并不像普通财产一样。在实践中，乡村居民的土地流转行为在一定程度上受到地方政府和村委会的影响，无形之中影响了乡村居民流转的积极性。因而在 2004 年之前的土地流转政策主要集中在农村耕地方面的流转，但是其对乡村聚居的发展影响不算很大，仅仅是释放了一部分生产力，其各方面影响远远小于城镇化或其他因素的影响。

2004 年则有不同，国务院颁布《关于深化改革严格土地管理的决定》，其中有关于"农民集体所有建设用地使用权可以依法流转"的规定。主要改革在"在符合规划的前提下，村庄、集镇、建制镇中的农民集体所有建设用地使用权可以依法流转。"在农村集体建设用地使用权流转合法后，随之而来的就是对乡村聚居发展影响最大的"增减挂钩"政策。2005 年的《关于规范城镇建设用地增加与农村建设用地减少相挂钩试点工作的意见》、2008 年的《城乡建设用地增减挂钩试点管理办法》、2011 年的《关于严格规范城乡建设用地增减挂钩试点切实做好农村土地整治工作的通知》均不同程度地规范了"增减挂钩"的合理性和科学性。

"增减挂钩"第一批试点是山东、天津、江苏、湖北、四川五省市，于 2006 年 4 月公布，而同时伴随着的是《十一五规划纲要建议》，要求"生产发展、生活宽裕、乡风文明、村容整洁、管理民主"，扎实推进社会主义新农村建设。2008、2009 年又增加了 19 个省份的试点，从而拉开了中国乡村聚居翻天覆地变化的序幕。

城乡建设用地"增减挂钩"带来了政策活力，也给予了农村土地整理的巨大动力。在城市边缘的乡村首先受到影响。受城市扩张或城市发展吸引力的驱动，城市边缘的乡村地区因距离城区较近，比较容易产生集聚效应，农村建设用地和一些农地很快被城市征用为国有土地，直接被纳入城镇建设地区而逐渐转变为城市地域，这一部分的乡村聚居直接受到城镇化效应和土地制度允许的影响更改了农村属性，乡村聚居消失。有一部分乡村在城镇化的带动下，通过在新居民点建设中的村庄合并，结合城乡建设用地增减挂钩，使乡村居民从原来居住的地方搬迁到了距离不远处集中新建居民点，在这种模式下首先使城市通过置换土地的方式获得了一部分建设用地，缓解了城镇用地的紧张局面，保证了城乡发展的可持续性。

其次，由于集中新建居民点的住宅进行了统一设计和规划，平均每户占用土地面积大大减小，从而集约高效地利用了土地，然后通过流转农村建设用地给城区得到了改善农村的居住环境以及基础设施条件的一部分资金，以此亦推动了新居民点建设的快速进展[190]。这些对乡村聚居的变换属于积极方向，在统筹城乡发展的背景下，推进了农村土地制度改革，构建了城乡要素交换平台，为城乡土地、劳动力和公共服务等资源的优化配置与平等交换提供了制度保障，实现了城乡土地资源的高效利用，增强了城镇对乡村发展的带动作用，形成了城乡互利的发展格局。如国家十二五科技示范项目（图6-8），四川省宜宾市李庄镇永胜村通过实施增减挂钩政策，在乡村居民具有迁居意愿的情况下，在土地利用总体规划要求的基础上，改变其原有分散聚居布局，采用集中规划设计的方法，集中新建居民点基础设施，同时根据当地"李庄文化"及家乡情结对乡村居民点建筑风格进行设计，使其保持当地的民风民俗特色。通过增减挂钩政策的实施，给予了城乡建设用地灵活性，改善了乡村居民居住环境，提升了乡村居民生活水平，为改变乡村聚居整体环境、空间格局提供了发展利器。

图6-8　四川省宜宾市李庄镇永胜村集中新建居民点

　　然而，"增减挂钩"政策的意图是通过流转农村用地来缓解城乡建设用地供需矛盾，对于耕地占补不仅要达到数量平衡，还要做到质量平衡。然而，在实践中，往往在新建新居民点时会忽视拆旧居后复垦，从而导致浪费大量良好耕地而无法补回。这与增减挂钩的要求"耕地面积不减少，质量不降低"不符。在现实中各地"迁居并村"并未完全遵循乡村意愿，新村设计不符合在地性，出现了乡村居民"被上楼"等奇奇怪怪的现象。在一定程度上影响了乡村聚居的发展动力。

　　总体来说，农村土地流转制度结合"增减挂钩"政策的实行，对乡村聚居的发展产生了极大的影响。

6.3.3　重庆土地制度改革的成效

　　"地票制"是重庆市进行土地制度改革，实行的创新性的土地流转制度，被认为是最具操作性的方案之一。"地票"指包括农村宅基地及其附属设施用地、乡镇企业用地、农村公共设施和农村公益事业用地在内等的农村集体建设用地，经过复垦并经土地管理部门严格验收后产生的指标。换言之，地票，是一个经过市场运作并经法律认可的附有经济价值的土地指标。具体实施，有四个环节：复垦，验收，交易和使用"地票"。重庆地票制度脱胎于"城乡建设用地增减挂钩"，实现的经济功能也类似，就是把农村闲置、废弃、低效占用的建设用地，经由在农村复垦、在城区落地，"移动"到地价较高的位置来使用，从而释放土地升值的潜力。"地票"制度的创新在于，不是自上而下的政府推动，而是经由一个公开的土地交易市场，通过供求竞争的市场机制来完成。周其仁认为，这个制度打通了城乡壁垒的土地市场，基础就是制度化了的各方财产权利。

　　"地票制"对乡村聚居发展意义很大，突破了区域和范围的限制。在一定程度上实现城市"反哺"农村，增加了农民财产性收入。据分析称，重庆三分之二的地票来自于重庆渝东南与渝东北，使用则主要集中在一小时经济圈内，实现了跨区域的土地置换，通过地票交易，在一定程度上提升了偏远地区的土地价值，使边缘山区农村建设用地能够分享城市周边土地的级差地租收益，加快了城市反哺农村、发达地区支持落后地区的步伐[191]。"地票制"在保护耕地的基础上，进行了新农村建设，改善了乡村居民的生活居住条件，得到了当地乡村居民的一致好评，如江津区燕坝村项目（图6-9），原348户的宅基地及附属设施用地共计313.2亩，集中居住建新点占地59亩，共节约农村集体建设用地254.2亩（全部复垦为耕地），新增耕地率为81.16%[192]。重庆农村户均宅基地0.7亩，通过地票交易，农户能一次性获得约10万元的收益。实

图 6-9　通过"地票制"建成的重庆市江津区燕坝新村

践中，农民通过地票交易增加了财产性收入，促进了乡村生产生活条件改善；开展地票复垦后，农村建设布局优化，农地相对更集中连片，便于统筹利用，有利于引导农地流转，提高农地规模化利用水平[193]。

"地票制"作为一个新鲜事物，其对农民权益的依法保护、受害保护及受损补偿三个方面尚需不断更新完善[194]。"地票制"在土地复垦阶段具有一定的风险，如复垦形成耕地质量无法管控，复垦数量与地票交易数量不匹配等[195]。

总的来说，乡村居民申请地票有三种情况：一是户改退地；二是并户住居；三是拆旧建新。可以看出，这三种情况，无论是哪一种，均对乡村聚居原有格局产生了巨大影响，甚至是根本性的变革。"户改退地"最为直接，乡村聚居直接消失，拆旧建新亦是将乡村聚居原有风貌破坏殆尽。但是，作为乡村发展的新模式，地票制依然有其优越之处，就是在城镇化进程影响下乡村聚居衰败不可避免的形势下，使用了市场决定各地区乡村聚居的发展模式，使其形成了渐进式的"帕累托"最优模式，节约了城镇化成本，也使某些乡村聚居得到了可持续性的发展，在保证公平正义的前提下，亦提高了城镇化的效率。

6.4　政策与政府行为的影响

制度与政策处于社会有机体结构的不同层面，具有自身特点和功能定位。制度位于社会体系的基础层面，侧重于社会的结构，是由行为主体（国家或国家机关）所建立的社会关系行为准则，是具有正式形式和强制性的规范体系，往往以法律的形式保护实施。而政策则稍有不同，政策是国家政权机关、政党组织和其他社会政治集团以权威形式标准化地规定在一定的历史时期内，应该达到的奋斗目标、遵循的行动原则、完成的明确任务、实行的工作方式、采取的一般步骤和具体措施[196]。因此，政策倾向于实施方面。不同于制度的稳定性，政策具有时效性，在一定的时间范围内，对社会经济发展具有强有力的影响，所以研究政策对乡村聚居具有现实意义。同理，地方政府作为制度及政策的实施管理主体，有其自利性的同时，地方政府之间亦有竞争性，正如张五常认为县域政府的竞争构成了中国经济社会发展巨变的主体。地方政府行为对乡村聚居的发展有着直接的影响。因此，本小节主要研究国家政策及地方政府行为对乡村聚居的影响。

6.4.1　国家农村政策对乡村聚居的影响

中央政府自成立以来，一直关注"三农"问题的发展，颁发的各种针对农村发展的政令数不胜数。结合本书的论点核心，主要从两个典型历史阶段简述国家政策对乡村聚居发展的巨大影响。

1. 1968—1978 年

1968—1980 年间下乡知青的人数超过 1660 万，相对于 1978 年的约 1.72 亿城镇人口（表 6-3、图 6-10），是一次规模相当庞大的城乡之间的人口迁移。不同于同时期的世界发展形势，这段时间中国出现了逆城市化的现象。可以看出，在 1966 年城镇化率为 17.86%，然后就开始走向了逆城市化道路，到 1972 年达到了最低，仅为 17.13%，直到 1978 年才勉强恢复到 1966 年的水平。也就是说，在十余年的发展过程中，中国城镇化进程不仅没有上升，反而下降了。世界其他国家，在 1950 年到 1980 年的约 30 年，城镇化水平均得到了有效地提高。世界发展中国家城镇化率由 16.7% 上升到 30.5%，先进工业化国家更是由 52.5% 上升至 70% 以上，平均城镇化率由约 29% 上升到 41.3%[197]。此段时间，中国城镇化水平由与其他发展中国家大致相当而变为大大落后。而这种逆城镇化并非当城镇化到达发达程度后产生的，因此其政策与社会发展客观规律不同，因此难以持续。到 20 世纪 70 年代末 80 年代初经历了"大返城"后，留在乡村的知识青年，已是极少数人[198]。

从图 6-10 中可以看到，在特定时期农村人口增长率长期高于城镇人口增长率。

1966 年至 1978 年份人口数据							表 6-3
年份	1978 年	1976 年	1974 年	1972 年	1970 年	1968 年	1966 年
城镇化率	17.92%	17.44%	17.16%	17.13%	17.38%	17.62%	17.86%
农村人口（万人）	79014	77376	75264	72242	68568	64696	61229
城镇人口（万人）	17245	16341	15595	14935	14424	13838	13313

资料来源：《中国统计年鉴》。

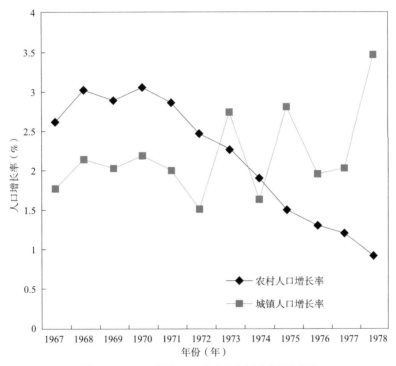

图 6-10　1967 年至 1978 年农村与城镇人口增长率

在城市卫生条件均比农村好、生育率比农村高的情况下，依然如此。可见"上山下乡"对乡村聚居的影响之大。在农村生产效率极低，生产资料和生活资料有限的情况下，把大量城市知识青年引到农村无疑加重了农村的负担，最终是不利于乡村聚居、农业的发展。同时，由于缺乏年轻劳动力，打乱了中国城镇工业化的步伐，带来了较大的隐患。自此中国乡村改革吸取教训，不进行全国性的、一刀切式的改革，而是均是从试点开始，然后普及全国的渐进式改革，从此也带来了改革开放后的迅速发展。

2. 2005 年之后

2005 年先后颁布有建设社会主义新农村、建设美丽乡村和乡村振兴战略等国家引导乡村发展的政策。建设社会主义新农村并不是一个新概念，但是在 2005 年结合土地制度的改革，赋予了其历史不同意义的地位。2006 年 3 月 14 日，十届全国人大四次会议通过了《十一五规划纲要建议》，其中提出"生产发展、生活富裕、乡村文明、村容整洁、管理民主"的要求，扎实推进社会主义新农村建设。由于在 2006 年中国就开始了土地流转制度的试点工作，后续的几年中，"新农村建设"成了一个口号同土地流转制度改革一起，翻天覆地地改变了中国乡村聚居现状。在后续的新农村建设中又赋予了不同的意义，人们更倾向于，将迁居并村，集中新建居民点称为新农村建设。

美丽乡村概念由 2013 年中央一号文件提出，要"推进农村生态文明建设"，"努力建设美丽乡村"。农业部在 2013 年 2 月发布了《关于开展"美丽乡村"创建活动的意见》，11 月确定了全国 1000 个美丽乡村创建试点乡村。在 2013 年的中央城镇化工作会议上，习近平提出"让城市融入大自然，让居民望得见山、看得见水、记得住乡愁；在促进城乡一体化发展中，要注意保留村庄原始风貌，慎砍树、不填湖、少拆房，尽可能在原有村庄形态上改善居民生活条件"。"美丽乡村"建设的提出是基于新农村建设的改良。在 2006 年城乡建设用地流转制度试点以后，迁居并村成了主流，极大地改变了乡村聚居的现状[199]，改变了很多自然村庄的命运，也影响了乡村原有的生活方式和生产结构。可见，政府政策结合了土地制度改革后，对乡村聚居的影响如此之大。

乡村振兴战略是习近平同志于 2017 年 10 月 18 日在党的十九大报告中提出的战略。乡村振兴战略提出后，乡村聚居开始逐步稳步有序发展。结合前序章节研究的时间范围，本书不再详细论述。总的来说，政府政策对乡村聚居的发展具有控制性和决定性，在乡村聚居发展动力机制中起到了开关的作用。

6.4.2　地方政府行为对乡村聚居的影响

中国的改革是渐进式的，中国中央政府允许地方政府进行改革试点。重庆市作为西南唯一的直辖市，在各个制度改革及发展方面均走在全国的前列，如重庆户籍制度改革、土地改革等。地方政府是区域制度的提供者，乡村居民与国家制度和政策之间的协调者，因而在乡村聚居发展动力中的影响不可或缺。

地方政府亦是社会职能的主要承担者。有学者提出"地方政府竞争"也就是"县域竞争"，在县域空间上县与县之间在土地的利用上展开的竞争是中国经济高速增长的根本原因，"县域竞争"的观点影响很大，被视为"中国经验"而为很多经济学家所接受[200]。也有其他学者赞同地方政府和经济增长存在较强的相关关系[201]。因此，地方政府对地方经济的发展、社会的进步、人民生活水平的提高负有不可推卸的责任和义务。而在新型城镇化和乡村振兴推动时期，地方政府的职责显得更为重要，是乡村聚居发展的最主要的依靠力量和引导力量。

地方政府作为国家政策与乡村聚居主体之间的连接者，无疑是最大且最具主导性的行为主体，既是中央政策的维护者，又是地方政策的制定者，同时还是地方政策坚定的执行者。地方政府行为的影响力足以决定一个地区乡村聚居发展的方向与水平（表6-4）。地方政府既然有自利性和竞争性，其行为对乡村聚居的发展就会出现利弊之分。如果地方政府行为适当地进行竞争，将会极大地推动地区社会经济发展，亦会合理推进乡村振兴及乡村聚居可持续发展。反之，则相反。

重庆市镇、乡、村数量变化   表6-4

年份	2015年	2014年	2013年	2012年	2011年	2010年	2009年	2008年	2007年	2006年
乡数（个）	195	207	213	220	225	252	267	291	308	306
镇数（个）	617	610	611	604	598	587	578	580	589	595
村委会数（个）	8220	8225	8318	8467	8575	8605	8803	8967	9065	9986

资料来源：重庆市统计局。

地方政府行为对乡村聚居发展具有重要影响力，是链接中国最高层次（中央政府制度与政策）与最基础层次（乡村居民）的纽带。地方政府行为偏向于本书中乡村聚居中观发展动力机制，但是行为具有政治特殊性。地方政府行为虽然具有一定的"经济人"的利己行为及地方政府间的竞争行为，但是其直接受到上级政府或中央政府的干预与约束。因此，地方政府行为具有一定的宏观特性，因而本书将其视为乡村聚居的宏观动力要素。

6.5 乡村聚居宏观动力机制构成与分析

所有的制度无论是户籍制度、农村土地制度、分税制改革等，均互相联系、互相影响、互相制约。比如1994年中央实行"分税制"以后的"以地生财"，就是土地制度与经济制度相互关联而产生了巨大的影响力，影响了乡村土地制度的变化，更是直接影响了乡村的发展[202]。对此制度改革与乡村聚居发展的关系，温铁军认为中国农业和农村发展已经不再有"一撅头刨了个大金娃娃"式的短期高效改革了，而且任何决策选择都可能是"两害相权取其轻"的次优选择[203]。

国家各项制度和中央政府、地方政府行为政策共同铸建了乡村聚居宏观发展动力

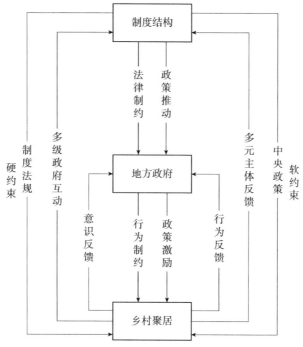

图 6-11　乡村聚居宏观动力机制示意图

机制（图 6-11），其中中央政府通过分析地方政府、乡村居民的多元主体、多级政府数据反馈，制定相关的宏观调控政策。一部分通过人民代表大会制定法律建立制度的方式实施下来，一部分通过国务院出台政令文件的方式传达到各级相关政府部门，以此约束、调整、激励乡村居民的行为，从而达到引导乡村聚居发展的目的。同时，相关法律制度、政府文件与地方政府竞争行为融合在一起，使得地方政府实施中央政府的宏观调控的政策，引导、约束乡村居民的行为，从而约束或激励乡村聚居的发展。乡村聚居的发展具有一定的主观能动性，并不一定会符合中央政府的调控预期，因此其发展现状会通过地方政府或直接反馈给中央政府，从而完成了一次动力循环，从而建立了乡村聚居宏观发展动力机制。宏观动力机制直接影响中观层次的农村人口迁移行为，通过地方政府的行为间接影响微观层次的乡村聚居的发展趋势。

　　所以，在城镇化的大趋势下，一方面控制大城市人口和加强城镇户籍改革以此调整城乡人口结构，不断优化城乡二元特性；另一方面可以通过土地制度改革，赋予乡村居民更大的财产权利和选择自由，同时加强新型美丽乡村建设，打造新型互助社区，完善乡村各项基础设施，借助城市资源反哺建设，来提高乡村经济条件，实现乡村振兴。这样才能促进乡村聚居健康可持续发展，促使我国乡村居民慢慢走向幸福的现代化乡村聚居。

6.6 本章小结

本章主要针对宏观层次，即制度与政策方面，使用逻辑时序分析，采取定性分析与特例分析方法等，构建了自上而下角度的宏观层次乡村聚居发展动力机制，具体如下：

首先，本章节对城乡二元体制中最主要的两个制度——户籍制度和土地制度进行了历史变迁回顾，然后通过特殊时段、特征明显的数据分析了户籍制度、土地制度对乡村聚居的影响，认为户籍制度阻碍了城乡统筹，加剧了社会分化。与工作、消费、教育、社会保障等利益直接挂钩，对乡村聚居的发展主要为阻力作用。土地制度稍有不同，虽然其仍然是造成城乡二元体制的重要因素，但是近阶段的"增减挂钩"政策，通过进行城乡建设用地挂钩，进行了城乡发展调控。城镇经济发展带动了一批乡村的发展，使乡村居民从原来居住的地方搬迁到了距离不远集中新建的居民点，缓解城市用地紧张的同时，推动了乡村聚居的健康发展。并以重庆市为案例，进行了相关的实证分析。

其次，通过分析"上山下乡"特殊时期特殊政策、"新农村建设"和"美丽乡村"引导政策，阐述了国家政策对乡村聚居的影响，认为中央政府政策对乡村聚居的发展具有约束性和引导性。在自上而下的规划体制下，政策作为制度的实施层面，在乡村聚居发展动力机制中起到了开关的作用。地方政府行为则作为链接中国最高层次（中央政府制度与政策）与最基础层次（乡村居民）的纽带，执行中央政府宏观调控的乡村政策。

最后，分析认为，国家制度结构、地方政府、乡村居民三者之间通过法律、政策、政府行为互相影响、互相制约，共同构成了乡村聚居发展的宏观动力机制。

7

动力机制视角的乡村聚居发展思考

7.1　综合视角下的乡村聚居发展动力机制

7.1.1　"自上而下"的宏观动力机制

"自上而下"在中国社会体系中的意义不言自明，主要是泛指从上级到下级，从中央到地方。在改革开放后，计划经济改革以市场经济为主体，从五年国家"计划"发展到五年国家"规划"，但不可否认的是社会架构仍然以"自上而下"的模式为主。基于制度和政策分析的乡村聚居宏观发展动力机制自然亦具有"自上而下"的特点，本书从规划视角中"自上而下"的特点出发，分析宏观发展动力机制在乡村聚居发展中的作用机制及其在整体动力机制中的地位与作用。

本书已详细地通过中国户籍制度、土地制度、国家政策、地方政府行为分析了国家制度与政策对乡村聚居发展的影响，从而构成了宏观层次的发展动力机制。乡村聚居是一个复杂多变的社会产物，制约与指导乡村聚居发展的相关国家制度、政策不仅限于本书中的户籍制度、土地制度、相关国家政策等，如经济体制改革、"分税制"改革、物权制度改革等也均对乡村聚居的发展产生了巨大的影响。在本书中，选取主要制约乡村聚居发展的户籍制度、土地制度等制度政策进行宏观动力机制研究，并不影响研究乡村聚居发展的作用机制与逻辑。

"自上而下"宏观动力机制在乡村聚居发展动力机制构成中，主要起到宏观引导、控制、约束、调整、激励中观动力机制与微观动力机制的作用，在整体的乡村聚居发展动力机制中主要起到"开关"的作用。在现阶段，中央层面发起并推行的户籍制度、土地制度改革等制度改革（图7-1），是融合了整体智慧决策而设计的方案。在一定程度上反映了全国各地在当前二元体制运行过程中呈现出的问题，结合了事物发展的一般规律，具有很高的科学性、普适性，避免了改革资源的分散、重复与浪费。户籍制度、土地制度等上层制度设计，在"自上而下"的行政体制下，一般都能够较为及时和全面地得到中央政府的制度性支持，演化成相关法律及政策。在乡村建设及管理方面，具有较高的实施效率和实现效果。

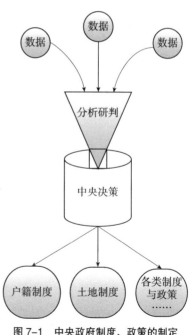

图7-1　中央政府制度、政策的制定

"自上而下"宏观动力机制主要作用在宏观调控。宏观动力机制具有一致性和持久性，其优点是调控效率高，但缺点亦是非常明显。第一，一致性主要是因为中央的顶层设计决策一般从全国范围内的普遍性规律出发，但中国地域宽广、社会经济发展不均衡，很难与地方的特殊性相结合。同时，某一政策的出台在中央政府层级上能呈现统一状态，但是在逐级向下传达的过程中各级地方政府的理解力、执行力均不相同，最终导致中央政策的一致性的削弱。第二，其持久性主要是因为基于制度安排的顶层设计，本来效力传达就需要一定的时间差，因此其必须保持一段时间的稳定，而在现阶段中国社会发展极为迅速，往往制度改革后很短的时间内就滞后或制约乡村聚居的发展与建设。因此，"自上而下"的宏观动力机制科学引领乡村聚居的发展，关键在于中间枢纽，即能否通过地方即中观动力机制，合理科学地执行落地。

7.1.2　"秉轴持钧"的中观动力机制

"秉轴持钧"出自元朝马致远《汉宫秋》的第二折："调和鼎鼐理阴阳，秉轴持钧政事堂"[204]，意指掌握住事物运转的关键和中心，常比喻身居要职、责任重大。而在本书中，乡村聚居中观发展动力机制是基于县域空间数据统计分析而建立的。由于县域空间各指标数据显然是微观乡村居民个体的综合意志体现，具有地方政府行为及地区发展的特性。因此，介于上层意志与下层个体之间，具有枢纽、中心环节的性质，具有明显中观发展动力机制的特点。因此，本书主要从"秉轴持钧"的角度分析中观发展动力机制的作用机制及其在整体动力机制中的地位与作用。

本书以重庆市为例，使用重庆市 38 个区县、2005—2014 年的空间数据，以空间计量经济学分析方法，对常住人口、城市人口、农村人口、人口密度、GDP、人均GDP、第一产业 GDP、固定资产投资总额、固定资产投资密度指标进行了相关的空间计量统计分析，并对影响农村人口空间分布的主要因素作了空间模型回归分析，从而构成了中观层次的动力机制。主要逻辑是研究在县域空间上，城镇与乡村对农村人口的拉力与推力的影响，而主要通过县域经济发展水平和固定资产投资水平来体现。现实中对乡村人口空间分布集聚产生影响的中观动力要素不仅仅为第 5 章的研究内容，本书主要提供一种研究方法和可行性，从而选择了在人口学及经济学中具有明显研究意义的统计口径。在第 5 章的研究中，主要依据"县域竞争"理论[200]，其认为由于县域的竞争从而促使了中国经济的腾飞，县的竞争促进了产业经济的集聚，产业的集聚必然会带来人口的集聚，基础建设即固定资产投资也会出现集聚现象，因此主要以县域空间的产业经济、固定资产投资作为本书的中观动力机制符合研究逻辑。

本书认为中观发展动力机制在乡村聚居发展动力机制构成中起到"秉轴持钧"的作用，是因为其主要起到承上启下作用，作为一个中间枢纽，链接这一中央顶层制度与政策设计的宏观动力机制与以乡村居民个体意愿为主体的微观动力机制，在整体的乡村聚居发展动力机制中主要起到"传动器"的作用（图7-2）。宏观动力机制中的顶层制度设计如户籍制度、土地制度需要地方来执行，而主要执行者为地方政府。地方政府则对应中央政府的制度安排，作出相应的地方户籍政策和土地政策

图 7-2　中观动力机制枢纽作用

后，被县域政府执行到乡村居民的户籍和土地上。亦如国家的整体社会经济发展并不会对乡村居民产生直接影响，而是通过地方的产业经济而影响到乡村居民的迁移活动，正如地域竞争理论一样，促进了乡村居民的跨地区流动，寻求自身利益的最大化。而乡村居民个体的自由迁移活动，如"自下而上"的城镇化行为，乡村居民受到市场经济的激励，寻求自身对城镇的预期价值，即使受到不同程度的户籍制度的限制，仍然涌入城镇，乡村居民的迁居行为首先反映在地方城镇中。地方城镇的产业经济、固定资产投资则相应的作出反应，同时将发展现状反映给中央层面，中央层面则又会作出相应的调控措施，进行激励或约束，从而形成了现阶段的循环反馈发展机制。

中观动力机制还有一个非常重要的枢纽作用，就是在社会经济体制改革中"自上而下"与"自下而上"的机制同时存在。地方则在中观层次寻求一个中和点，以渐进性、地方性制度创新为主的地方改革，达到一个寻求"帕累托最优"过程中的次优选择，使得乡村聚居宏观、微观发展机制相互达到一个平衡、稳定的状态，使"秉轴持钧"的作用得到体现。

7.1.3 "自下而上"的微观动力机制

"自下而上"在中国主要是指改革开放后的一种思维、管理方式，主要运用在城镇化、体制改革等领域。其一般是指在中国实行社会主义市场经济后，新出现的由民间个人力量或社区组织发动并反馈政府认可或支持的行为。本书中，基于乡村居民个人意愿的乡村聚居微观发展动力机制明显具有"自下而上"的特点，因此主要从"自下而上"的特点分析微观动力机制在乡村聚居发展中的作用机制及其在整体动力机制中的地位与作用。

在本书第4章，以乡村居民个人意愿为研究对象，采用问卷调查数据搜集方法，

使用描述性统计分析、方差分析、二元 Logistics 回归分析方法，分析了乡村居民自身状况、居住状况，以及集中新建居民点对乡村居民迁居意愿的影响机制。研究认为，乡村居民自身状况要素中精神状况、家庭成员数量显著影响了乡村居民的迁居意愿；乡村居民居住状况要素中基础设施满意度、进城区所花费时间、现有房屋满意程度显著影响了乡村居民的迁居意愿，调查样本中乡村居民最希望的居住地是集中新建居民点；外出工作者回村意愿影响因素中，城市的拉力大于农村的推力，且集中新建居民点很可能会影响外出打工者迁回村的意愿：上述因素共同构建了农户角度的微观层次乡村聚居发展动力机制。

"自下而上"的微观动力机制在中国改革开放后，以社会主义市场经济为主导的乡村聚居发展中，在个体的乡村聚居发展中起到基础性、根本性、决定性的作用。但是它同时受到宏观动力机制、中观动力机制的影响。"自下而上"主要是指在现阶段的乡村居民获得了一定的城镇化及迁移自由度之后，在比较利益的驱动下，受到城镇与乡村的推拉作用，"用脚投票"选择城镇聚居、新乡村聚居还是原有乡村聚居。这个转移过程基本上是遵循自由的原则，其流动主要靠市场调节即中观动力机制，间接靠宏观动力机制影响。在研究中得出精神状态、家庭成员数、进城所需时间、基础设施满意度、自身房屋满意度、集中新建居民点会影响乡村居民具体的迁居意愿，这些影响要素均会体现在乡村聚居具体的发展中，比如"空心村"的形成就是乡村居民个人意愿的体现。

7.1.4　"三观合一"的发展动力机制

乡村聚居发展动力机制在本书中定义为推动乡村聚居发展过程中的各类因素，以及各因素之间相互作用而产生动力或者阻力的过程、原理、现象，构成机制可以分为根本动力和直接动力、动力和阻力、主要动力和次要动力、微观动力和宏观动力等。在本书中，先通过分析各层次的动力与阻力的组合，主要动力和次要动力的组合，分别构成了微观、中观、宏观动力机制，最终三种层次的动力机制共同相互作用、相互影响构成了乡村聚居发展动力机制。

各层次的动力机制内部均有各自的相互影响机制，而各层次间的动力要素亦有密切的影响关系。如图 7-3 所示，宏观动力机制通过户籍制度、土地制度以及其他相关经济制度和政策，影响到地方上表现为城镇化，伴随着人口在区域内的城镇集聚、产业在城镇的集聚、固定资产投资的集聚。相关产业集聚、固定资产投资在城镇的集聚对农村人口的城乡迁移产生了巨大的影响力，具体表现为推拉力。在乡村居民身上即

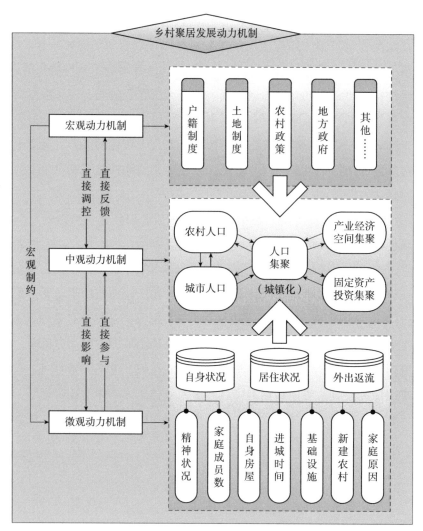

图 7-3　乡村聚居发展动力机制构成

为微观动力机制。乡村居民的自身状况中精神状况、家庭成员数，居住状况中的自身房屋、进城时间、基础设施，外出工作者返回村镇的因素新建居民点、家庭原因等影响乡村居民选择居住在原有农村、集中新建居民点、城镇。宏观、中观、微观互相制约、影响构成了中国现阶段乡村聚居发展动力机制。

7.2　动力机制论乡村聚居发展规划

乡村聚居是我国城镇化进程中城乡一体化发展的重要组成部分，同时也是亟待完善的一项系统工程，必须以科学的发展理念为向导，秉承以人为本的初心，统筹发展农村产业、经济、基础设施、建成环境等要素。从乡村聚居发展动力机制理论的角度，结合前文分析的宏观、中观、微观动力要素研究，提出以发展动力为导向的乡村聚居发展关键要素，为指导乡村聚居科学发展提出建议。在本书中，对乡村聚居发展动力机制进行研究诠释后，认为合理的发展规划是：在相关法律、政策的框架下，通过城乡相关人口、经济等统计数据和乡村居民需求计算分析，对乡村未来发展形势进行研究，并作出短期或长期的预判，从而制定不同层次、不同时间、不同地域的发展规划，对乡村的长期发展和近期建设进行规划指导，并在保持可科学动态修改的前提下以法律或规范的形式确立下来。以期合理发展建设，减少社会成本，集约利用土地及社会资源，实现社会公平正义的同时保证效率，避免资源浪费及环境破坏，促进乡村聚居可以健康、科学、可持续发展。

7.2.1　亟需"确权"的乡村规划——基于宏观动力机制的思考

本书中乡村聚居宏观动力机制研究，认为户籍制度、土地制度以及国家政策与地方政府行为均极大地影响了乡村聚居的发展。在研究过程中提出户籍制度与土地制度是筑成城乡二元发展结构的主要因素，在现阶段其仍然约束着乡村聚居的发展。研究认为制度、地方政府、乡村居民通过法律、政策、政府行为相互影响、相互制约共同构成了乡村聚居的宏观动力机制。而乡村规划亦是制度、政策、政府行为的影响下，地方政府通过分析乡村居民需求和发展形势，依据法律法规制定并通过的发展规划。

因此，本书认为乡村聚居发展亟需科学的乡村规划，而乡村规划则需考虑宏观动力机制的需求。需考虑制度、政策、政府行为对乡村规划的影响。由于短期内户籍制度、土地制度不会发生根本性的变化，因此本书提出，在我国制度框架下对地方政府和乡村居民两个主要的乡村发展实施主体进行法律上的"确权"。"确权"的含义主要有两层，一层是对乡村规划发展权力的确定，一层是对各级地方政府、乡村居民土地使用权等具体权力的确定。

首先，在乡村规划发展权利方面，《中华人民共和国城乡规划法》（简称《城乡规划法》）成为我国城乡建设领域最基本的法律，其定义的"城乡规划"包括"城镇体系规划、城市规划、镇规划、乡规划、村庄规划"，首次将乡、村庄以法律的形式纳入我国的规划体系，确立了乡、村庄规划体系的法定地位，给予了农村同等于城市的规划发展的权利，具有重要的意义。《城乡规划法》中仍有部分问题没有解决（图7-4）。乡村（乡、村）规划在立法方面仍有欠缺，执行方面也较为杂乱，如葛丹东将乡村规划分为村庄布点规划和村庄综合规划[205]，重庆及海南也进行了相应的城乡编制改革，

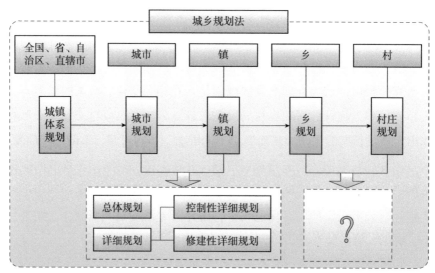

图7-4　《城乡规划法》的编制体系

增加了"城乡总体规划"以适应《城乡规划法》的落地[206]。因此，本书认为乡村国土空间规划应与城镇规划同权才能体现城乡发展的公平性，以改变乡村长期得不到应有发展权利的形势。

其次，在地方政府行为和乡村居民权利方面，《城乡规划法》相比之前的条例与规定有了很大的进步，规定了各级人民政府制定乡村规划的权利，"县级以上地方人民政府根据本地农村经济社会发展水平，按照因地制宜、切实可行的原则，确定应当制定乡规划、村庄规划的区域。乡、镇人民政府组织编制乡规划、村庄规划，报上一级人民政府审批"，亦给予了乡村居民的参与权利——"村庄规划在报送审批前，应当经村民会议或者村民代表会议讨论同意"。但是由于农村土地所有制条件下，《城乡规划法》要求乡规划、村规划应与土地利用总体规划相衔接，则给地方政府与乡村居民造成了干扰。

从宏观动力机制中可以看出，土地制度中土地所有制对乡村聚居的发展具有重要影响。无恒产者无恒心，本书认为在乡村规划中应该依据土地制度改革，提出更为详尽的管理办法，给予乡村居民相应的使用与流转等权利，才能促进乡村规划科学、顺利地制定与实施（图7-5）。

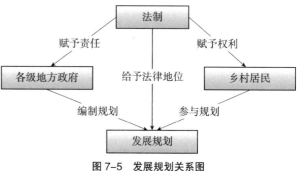

图7-5　发展规划关系图

7.2.2 引入"数据决策"的乡村规划——基于中、微观动力机制的探究

在规划技术上，随着我国经济发展模式的快速转型，现有的经验规划技术已难以适应规划学科从粗放向集约、从经验模型到精准模型的转变。因此，在本书动力机制理论上提出基于数据分析的决策模型有助于推动乡村发展规划研究与编制的创新，其中尤其是大数据计量决策对指导乡村振兴规划及国土空间规划具有重要意义。

在本书的中观动力机制理论构建中，使用县域空间统计数据如城市与农村人口、固定资产投资、产业经济数据进行了空间计量分析；在微观动力机制理论构建中，使用了基于乡村居民问卷统计数据的二元 Logistics 回归分析等。这两种计算方法均是使用计算机完成模拟计算，并且试图通过统计数据的反馈为乡村规划发展决策提供科学建议。本书认为在信息技术快速发展的当代，中国应当跳出国外农村发展经验模型的限制，使用最新数据处理方式，引入"数据决策"改进现有的乡村建设规划技术。但本书研究中，以建立动力机制研究框架为主，相对于提供"数据决策"稍有不足，因此在未来研究中需要引入更为科学的数据统计方法。现阶段随着"大数据"的处理从理论逐渐走向实践，其特征与城乡规划决策的本质属性具有紧密的耦合性[207]，大数据的推广应用有利于推动规划决策从"经验决策"走向"数据决策"（"有限理性决策"）[208]。

一种经济发展的空间相应存在着一种规划模式，当它的发展空间与规划发展趋势不相适应时，就必须适时寻求突破，唯有新的技术模式才会有新的发展空间[209]。这就要求及时调整乡村规划策略，建立新型乡村发展大数据决策模型。大数据不是简单的数据大而已，而是让所有可获得的数据产生分析效果[210]。在乡村发展规划中，需要通过县域空间计量分析乡村人口的发展趋势，确定未来乡村聚居人口的数量。在此基础上，通过使用"大数据"理论，分析所有可以获得的数据，如通过手机定位获得人口活动的热力图，利用热力图则可以推算乡村聚居的经济发展形势。通过经济发展形势结合未来农村人口总量和现有住宅面积，可以推算得出乡村需要的住宅建设量。结合乡村人口人均的用水量、供电量的统计得出适合当地乡村的管线布局等，可以优化规划设计及极大地减少社会资源浪费。通过卫星遥感数据分析，可以精确评估乡村土地的利用情况，有效避免乡村土地资源浪费和破坏。

综上，在本书"数据决策"的理念中，主要通过各种方式的基础调研，如手机应用、问卷调查、行政统计数据建立规划相关的数据库，通过多元数据的空间分析，建立相关区域内相关内容的空间相关性，制定具体细节的发展与限制需求，其实质性内涵应在于使政府、规划师、乡村居民在明确分工、加强联系的基础上同步实现现代智

能化、数据化，可以为精准规划提供科学决策，实现规划系统的整体优化与良性发展。

7.2.3 优化"三生空间"留住乡村聚居发展的动力源泉

"三生空间"意指生活空间、生产空间、生态空间。生活空间是人们生活所需而使用的空间，为人们生活提供必要的场所空间；生产空间是人们从事生产活动在一定的区域内形成的特定的空间范围；生态空间则是具有一定的生态涵养功能，能够为人们物质生存和精神需求提供必要生态产品的地域空间[211]。生活空间、生产空间和生态空间这"三生空间"构成了完整的乡村人居环境，是乡村聚居科学发展的基础，优化"三生空间"就是保护乡村聚居发展的动力源泉（图7-6）。

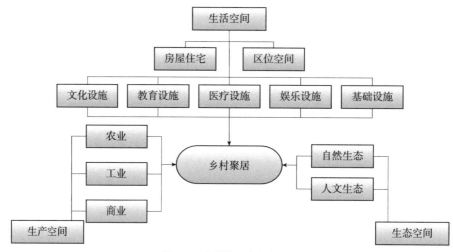

图 7-6 乡村聚居功能体系图

1. 优化居民生活空间，减少农村的"推力"

在微观动力机制与中观动力机制理论研究中，乡村居民对自身房屋条件和所在村基础设施条件不满，直接促使乡村居民产生迁居城市或迁居新居民点的意愿。因此，优化居民生活空间，提高乡村居民生活质量是留住乡村居民最基础的条件。一般认为，生活空间包括村民居住空间、公共服务基础设施空间、商业空间等。根据微观动力机制调查进行有效的规划调控，对村民住宅进行逐步的修复与更新，根据个人意愿调查汇总指引乡村公共服务等基础设施配套的完善与增加，如医疗卫生站、娱乐活动设施等。同时，根据当地村民的数量与规模以及发展趋势，配套合理的商业设施、公共空间、教育设施等，为人们的日常生活服务。总之，合理配置乡村生活空间设施，提高人居环境质量，形成乡村居民满意的生活空间，留住人，才有乡村聚居的发展。

2. 优化农村的生产空间，激发乡村聚居内生动力

在乡村"三生空间"划定中，农业生产空间、乡镇生产空间及其附属空间设施等，应被视作生产空间。生产空间包括：农业生产用地、区域基础设施及公用设施、乡镇企业等。在本书的中观动力机制实证分析中发现，农村人口的迁移与经济产业的发展息息相关，而重庆的第一产业在县域空间却没有空间相关性，说明现阶段重庆的农村产业不成体系、不成规模，不能产生空间效应。而随着社会经济发展和科学技术的进步发生了转型，从乡村居民收入构成来看，工业、建筑业、交通运输等非农收入不断增加。从产业结构来看，乡村聚居生产功能需要改变原有结构。

现阶段乡村聚居的振兴依赖于乡村生产空间的重构[212]。在本书中，生产空间的重构可以依托于中观动力机制的研究结论，通过数据分析确定未来2~3年的农村人口规模，根据人口规模的增加与减少，来对乡村经济产业发展与固定资产投资进行决策，从而指引乡村聚居发展趋势。基于县域空间大数据的乡村聚居规划能够科学地引导市场机制，统筹城乡生产力布局，按照集聚发展、集约经营的原则，实现城乡经济的统筹发展。因此，完善优化农村生产空间，有利于第一产业生产规模化，第二产业、第三产业体系化，从而能产生空间溢出效应，激发乡村聚居发展的内生动力。

3. 改善生态空间，稳固乡村的根本吸引力

乡村生态空间中包含了自然生态空间与人工生态空间等。乡村聚居的生态功能主要体现在对自然生态环境的保护以及乡村聚居传统文化和生产生活时对自然生态环境的保护两方面。受乡村人口增长、居民生产方式、工业化、城镇化等因素的影响，乡村自然环境破坏严重，乡村聚居生态功能发挥受到了一定的阻碍。而与城市聚居最大的不同之处就是乡村聚居具有城市不可比拟的生态环境。乡村聚居吸引人们居住最大的优势是其乡村生态。因此，在生产、生活空间优化改造中，应当注重乡村生态空间的保护，生态空间是生产和生活空间优化的基础，提高农村相对于城市的生态吸引力。为乡村产业发展提供清洁的生产空间，为乡村居民提供健康优美的生活空间，同时减少乡村聚居的"推力"和增加"拉力"，促进乡村聚居可持续发展。

7.2.4　以人为本的"城乡协同"成为乡村聚居发展的直接动力

在本书动力机制理论中，现阶段在中观层次城镇化中农村人口向城镇迁移是影响

乡村聚居发展的主要因素，直接影响了乡村聚居的发展趋势。在城镇化大势所趋的形势下，应当以"以人为本"为核心思想，考虑乡村居民的自身需求，以"城乡协同"的理念减少城市的拉力和农村的推力方能改变乡村聚居发展的动力机制。

1. 以人为本、科学发展

本书秉承以人为本的基本理念，从微观、中观、宏观，自下而上地推导出乡村聚居的动力机制体系，并依托对个体意愿的调查得出相应结论。"以人为本"是科学发展观的核心，人是发展的根本目的，也是发展的根本动力，一切为了人，一切依靠人。以人为本的理念就是跳出唯 GDP 目标的误区，摒弃严重忽视甚至损害人民群众利益的经济发展方式，强调经济发展和 GDP 增长归根结底是为了满足广大人民群众日益增长的物质与文化生活需要，保证人的全面发展与社会的全面进步。

正如前述章节中所述，乡村聚居本身就是乡村居民生产生活在农村的一种社会现象，"以人为本"自然强调满足乡村居民个体的生活就业精神与物质需求，让乡村居民能够自愿留在新时期设施齐全、居住条件良好的农村。同时要谨防以土地为本，热衷于整治、增地、卖地，造成乡村居民失地及其利益受损。在基于以乡村居民根本利益为核心的规划理念导向下，乡村聚居建设要适应乡村居民自身对生产、生活方式的理解与需求，只有在以人为本的理念下引导乡村提高相对于城镇的核心竞争力，才能降低快速城镇化对乡村居民盲目的拉力，从而打造乡村聚居发展的直接动力。

2. 城乡协同一体化规划发展

依据本书对中观动力机制的研究，分析现阶段影响乡村聚居最大的是城镇化，认为可以将城镇化的动力机制作为乡村聚居反向的动力机制。在城镇化快速推进的进程中，对城市而言主要表现为增长规划，是一种目标导向的规划过程。相反，对乡村聚居而言，首先面临的是发展目标的选择问题。乡村聚居发展的目标是城市还是更好的农村，是促进转型的城市规划，还是保持乡村状态的人居环境。在快速城镇化过程中，城镇聚居与乡村聚居是一定区域内共同存在的两个空间实体，它们密不可分。二者之间总是在不断地进行着物质、能量、人员、信息的交换，这种交换将空间上彼此分离的它们结合为具有一定结构和功能的有机整体，使得城镇聚居与乡村聚居之间存在着有机联系和联动机制。乡村聚居失去了城镇的牵引和带动，乡村聚居就缺乏发展动力，而同时城镇过度的吸引和扩张则又会使乡村聚居空心化。因此，欲使乡村聚居健康发展就必须协调好城乡聚居之间的关系。现阶段，可通过一定的调控手段（如政策、制度、规划、行政手段等），促进土地、资金、人才、文化等要素和资源在城乡之间合理配置，促进城市基础设施向乡村聚居延伸，城市公共服务向乡村聚居覆盖，城市现代文明向乡村聚居辐射，使乡村聚居和城市聚居形成良性互动、和谐共存。

7.2.5　推行"法制化"保障乡村聚居发展的可持续动力

在本书乡村聚居发展动力机制理论中，"法制化"理念源于宏观动力机制研究，认为宏观制度与政策是打开发展大门的钥匙，在此"法制化"是指城乡规划法对乡村规划的确权和对农村土地使用权的确权。在"法制化"的基础上，乡村居民才能实现民主化，自主参与乡村规划编制和享有农村集体土地分红的权利。"法制化"是乡村聚居稳定发展的基础。

改革开放后，在制度经济学的指导下，乡村从改变农业基本经营制度开始了一系列有效的改革，并取得了令世界瞩目的效果。在改革过程中，政府使用了大量的非法律性质的政策鼓励与刺激行为。地方政府亦进行了各种农村建设活动，但由于政策的不稳定性，使得乡村聚居发展良莠不齐。归本溯源，乡村政策还只是一个"政策"，并不是法制，"上有政策下有对策"在乡村聚居发展过程中得到了具体的体现。

因此，将制度改革而产生的乡村政策以法律的形式稳定下来，保护乡村居民的权利。当政治、经济、社会和文化等各项人权受到平等的尊重和保护时，乡村居民建设美好家园的积极性、主动权和创造性就能充分地发挥出来[213]。给予乡村聚居发展的约束与权力，构建乡村各项发展法制体系，推进乡村发展法制化建设的进程，比如将土地流转制度中农村土地使用权的适用方法以法律的形式为乡村居民确权，可以减少地方政府行为政绩建设的干扰，促进乡村聚居稳定发展。

只有在"法制化"的框架下，"民主化"才能充分发掘乡村居民主人翁的主动意识，提高乡村居民民主自治的发展理念。民主选举、民主决策、民主管理、民主监督，是村民自治的核心内容。民主化需与法律化、制度化相匹配，架构完善的村民自治制度体系，避免由于乡村居民缺乏民主经验而可能出现混乱[214]。在本书理论中，"民主化"主要是指乡村居民参与到乡村聚居发展规划建设中来。

同时，在乡村规划建设方面，《城乡规划法》给予了乡村规划法定地位，是推进法制化进程的体现。《城乡规划法》明确了行政部门在组织规划编制和审批中的权限和法律责任，要求城乡规划主管部门依法行政，依法编制规划[215]。以此可以在最大程度上保证乡村聚居发展规划建设有序进行，减少破坏乡村生活、生产、生态空间，避免地方政府公权力的干扰，有利于乡村聚居稳定有序发展。

7.3 乡村聚居发展趋势与对策思考

7.3.1 科学看待乡村聚居与城镇化的关系

国家在以人为本的指导方针下，强调了乡村发展对于新型城镇化发展的重要性，认为城镇化是解决农业农村农民问题的重要途径，同时保障农业农村农民的相关利益是新型城镇化的必要前提。在本书的整体研究框架中，亦将乡村聚居与城市聚居进行了本质的辨析，将乡村聚居发展动力机制作为城镇化动力机制的反作用力来分析。中国新型城镇化之路越顺利，乡村聚居的发展规模将会越萎缩。但是，如果新型城镇化中协同发展了农业农村农民的权利，乡村聚居的规模虽然会缩小，但是其发展会更为科学、绿色、可持续。

在城镇化的发展中与乡村聚居具体的交集主要表现在农村人口的迁移和农村土地的使用上。从表征来看就是宏观动力机制中，户籍制度与土地制度对乡村发展产生的约束。户籍制度中不同的户口代表着不同的权利和利益。虽然在近些年，国家要求中小城市全面放开户籍的限制，但仍然限制了大城市的准入，这代表着大城市的居民与小城镇、乡村的居民依然有着不同的权利和利益。逆向思考，虽然大城市限制了人口迁入，但仍然比乡村户口的准入条件要好。在现阶段，国家鼓励农村人口迁入城市为城市的发展提供了大量的劳动力，促进了城镇的发展。但是却忽略了城市人口迁入农村户口的需求研究，农村土地属性模糊的特性亦限制了乡村与乡村、城镇与乡村人口的互相流通。

城镇化不可避免地抽走了一部分乡村发展的原动力，大量的年轻劳动力迁入城镇。但如果新型城镇化在发展过程中，注重保护乡村居民的各项权利，完善户籍制度和土地制度的顶层设计，破除城乡二元壁垒，让城镇人口与农村人口没有明显的界限，促进城乡人口相互流动，既能减轻城市病，也能拉动乡村经济产业的快速发展。让人口自由流动，乡村聚居仍然不会像城市聚居一样膨胀繁荣，但是乡村聚居的发展将更有底蕴和可持续性。

7.3.2 乡村聚居相对衰退可能会长期存在

自 20 世纪 90 年代改革开放加速以来，中国的城市（上至大城市，下至小城镇）出现了全面城镇化发展的态势[216]。在快速的城镇化过程中，大量的农村人口通过劳动力迁移的方式进入城镇，大部分乡村陷入"空心村"状态。在促进城镇快速发展的同时，亦拉大了城乡差距、地区差距、工农差距，也造成了乡村发展相对衰退。中国社会经济均得到了快速发展，乡村也享受到了一部分改革开放的红利，比如"村村通道路"等政策使交通基础设施得到了明显的改善。所以，乡村聚居只是相较于城镇的繁荣发展的相对衰退。

乡村聚居的发展与城镇化的进程息息相关。比较著名的理论"刘易斯模型"建立了一个二元经济的古典模型。其中，"刘易斯拐点"认为在工业化进程中，随着乡村富余劳动力向非农产业的逐步转移，乡村富余劳动力逐渐减少，最终达到瓶颈状态。虽然刘易斯模型解释中国现阶段的发展颇有出入，但是其整体趋势与现阶段乡村聚居的发展相符合。有争议的是其"刘易斯拐点"只有等到出现之后才能确定，但出现一个城乡推拉平衡的拐点是肯定的。

结合乡村聚居发展动力机制对其发展态势进行分析发现，乡村聚居发展趋势不外乎三种：第一，在原有的乡村聚居基础上生活，在城镇化的影响下乡村聚居慢慢衰落，但由于乡村特有的生态等优势吸引人们居住，逐渐达成一种"推-拉"平衡的临界状态，此时乡村聚居延续生存；第二，由原有的村庄聚居迁居集中新建居民点，在城镇化的影响下逐渐达成一种"推-拉"平衡的临界状态，此时乡村聚居借助新型农业、工业或服务业得以持续发展；第三，乡村聚居在城镇化的影响下，直接空心化或先迁移集中新建居民点后，依然受到城镇化影响慢慢空心化直至消失。如何借助新型城镇化和乡村振兴之力，将乡村人口留住，保护乡村人居环境健康、可持续地发展，需要更多智慧的研究和合适的发展策略。

7.3.3　"迁徙双向自由"与"留住绿水青山"，有效市场与有为政府相结合

本书提出的"迁徙双向自由"是指创造一个合适的条件，促使城乡人口可以自由地迁徙，城镇人口可以轻松地成为农村人口，农村人口亦可以低成本地成为城镇人口。在户籍制度无法完全破除的现阶段，有效政府应当制定相应的政策，促成城乡迁徙双向自由，首先需要提高农村户口的价值，其次是降低获得城镇或农村户口的成本。在确保了城乡福利统筹安排的前提下，寄托于有效的市场来调节城乡人口的流动。

相对于城市户口，农村户口最大的优势在于具有集体土地的使用权、宅基地、林地承包权等。允许城镇人口迁徙为农村人口具有非常现实的意义。可以改变乡村聚居面貌的金融资本大量存在于城镇人口中，政府如果可以提供一种有效的政策制度，允

许乡村的土地承包权等可以流转使用，有利于乡村聚居可持续发展。同时，降低了乡村人口迁移城市的意愿，降低城镇发展的压力。此方法具有一定的风险性，需要进一步评估和研究，但只有允许城乡人口双向自由迁徙才可以有效地缩小城乡社会发展差别。实现城乡人口双向迁移自由具有"卡尔多—希克斯改进"的改革特点[217]，也是实现乡村振兴、城乡统筹发展，乡村聚居可持续发展的根本路径之一。

"留住绿水青山"是指"绿水青山就是金山银山"的发展理念，也是有为政府管理下乡村聚居环境发展的原则。有为政府需做到在保护乡村聚居环境的同时，促进乡村产业健康发展。结合有效市场的无形之手，打破人口迁徙的约束。有为政府应以问题为导向，通过"留住绿水青山"发展乡村产业格局，提高人均 GDP、固定资产投资密度，优化乡村宜产、宜居环境，减少乡村人口外流的推力。有效市场应以效率为导向，通过"城乡双向自由"引导激发乡村市场活力，调控产业结构，配置固定资产投资规模，增加乡村人口回流的引力。两者相互协调、补充是实现乡村聚居健康可持续发展的重要路径。

7.3.4 "去芜存精"与"精准收缩"相结合的发展思路

在乡村聚居发展相对衰退可能会长期存在的趋势下，乡村聚居发展的总体目标应当转换。本书认为应摒弃原有"必须增长"的粗犷式发展理念，配合城镇化进程，通过乡村居民的自然选择减少乡村聚居点，公平合理地节约社会资源，收缩发展目标，做小而美的乡村。

农村人口的大量流失导致出现"空心化"现象，如果放任其发展，将会导致乡村居民生存环境恶劣、恶性循环，丧失了社会主义社会的公平正义。如果布局"必须增长"式发展，逆城镇化进程而为，虽然保护了乡村居民的部分福利和权益，但浪费了大量的社会资源，却仍然无法保证乡村聚居的可持续繁荣发展。农村人口和劳动力实质性减少，乡村生产组织方式相应改变的条件下，乡村人居资源应当合理调整和优化重构[218]。倡导乡村聚居发展"小而美"的根本原因是社会资源的有限性。在城镇化的历史进程中，乡村聚居发展始终处于从属地位，而土地、劳动力、资本等资源具有稀缺性和资本性，因此乡村聚居的发展既要正视现状，亦要实现资源的优化配置。通过土地整治，进行实行因地制宜的乡村生产生活生态空间的重构就是集约式发展的一种道路。同时，乡村聚居走小而美的收缩发展路线与乡村振兴战略应是并行不悖和相互促进的关系。

7.4 本章小结

本章对微观、中观、宏观动力机制进行综合分析，提出了"自上而下"的宏观动力机制，"秉轴持钧"的中观动力机制，"自下而上"的微观动力机制，从而总结出"三观合一"的综合动力机制，三种层次的动力机制共同相互作用、相互影响构成了乡村聚居发展动力机制。

通过乡村聚居发展动力机制的建立，认为需为乡村规划的主体和实施者进行确权。提出农村规划应引入数据决策手段。提出了乡村聚居科学发展规划需要优化"三生空间"留住乡村聚居发展的源泉，推行以人为本的城乡协同发展，形成乡村聚居发展直接动力，推进"法制化"保障乡村聚居发展的可持续动力。最后在讨论乡村聚居与城镇化关系的基础上，分析了乡村聚居处于长期相对衰退的状态中，并以此提出了相应的政府政策建议。

8

结

语

本书从人类学的角度出发，认为乡村聚居的行为主体是乡村居民，从影响乡村居民与乡村关系的所有要素及其作用机制来解释乡村聚居发展的动力机制，目的是对乡村聚居发展趋势进行研判，并讨论动力机制视角的乡村聚居发展对策思考。结语总体分为三个部分：第一，通过乡村聚居现状和文献综述分析，建构乡村聚居发展动力机制理论框架；第二，通过以乡村居民迁居意愿作为微观层次，农村人口县域空间城乡迁移作为中观层次，制度、政策及政府行为作为宏观层次，以重庆为例进行了实证研究，诠释乡村聚居发展的动力机制理论；第三，基于乡村聚居发展动力机制理论提出了发展建议和政策思考。

8.1　文献综述研究与理论建构

基于聚居的起源与现代道萨迪亚斯人居学理论的辨析，认为乡村聚居本质上是人们集中居住生活在乡村的一种社会现象，乡村居民是否在或继续在乡村居住生活决定着乡村聚居的未来，同时结合中国行政区划对乡村范围进行了划定。通过对中国乡村聚居发展七个历史时期的剖析，将其提炼为三个发展阶段：传统自然地理条件主导阶段、国家政策主导阶段、城镇化与国家政策因素共同主导阶段。通过对现有研究文献的整理分析，将不同的发展阶段影响乡村聚居发展的动力要素分为：传统动力要素、新型动力要素、特殊动力要素。其中，传统动力要素有地形、气候、民俗、文化等，整体呈现影响力减弱的趋势，新型动力要素有工业化、城镇化、基础设施建设、个人意愿，整体呈现影响力增强的趋势，特殊动力要素有国家制度政策、地方政府政策，一直保持着强大的影响力。通过对已有研究方法、技术、内容上的评述，认为现阶段对于乡村聚居发展动力机制的研究偏向于单种动力要素的研究，欠缺把握乡村聚居发展行为主体本质的研究。而现阶段各类型的动力机制研究如使用外部与内部分析，阻力与动力分析，及各类动力要素交叉分析等无法准确地为现阶段乡村振兴及乡村国土空间规划提供直接的指导建议和对策。因此，本书基于此确立了以乡村居民为乡村聚居行为主体的动力机制命题。

通过构建逻辑与规划学科结合，将各类动力要素分解重新组合。基于农户地理理论、"用脚投票"理论核心思想，认为乡村居民迁居意愿代表着乡村聚居未来的发展趋势，以乡村居民迁居意愿的影响要素为主，构建了乡村聚居微观动力机制理论研究框架；基于诺瑟姆城镇化曲线理论、城市经济学理论、"胡焕庸线"理论逻辑思想，结合城镇化的本质是农村人口转移为城镇人口的过程，以县域空间农村人口迁移的影响要素为主，构建了乡村聚居中观动力机制理论研究框架；基于新制度经济学理论、帕累托最优理论核心思想，认为制度与政策控制了乡村聚居发展的整体方向和趋势，以户籍制度、土地制度和农村政策构建了乡村聚居宏观动力机制理论研究框架。

8.2 重庆实证研究与理论诠释

本书遵循实证研究的研究思路，在确定了研究命题及研究框架之后，以此从微观、中观、宏观三个层次，主要以重庆地区为例，对乡村聚居发展动力机制理论进行诠释。

首先，在乡村聚居微观动力机制的研究中，认为影响乡村居民迁居意愿的要素是构建乡村聚居微观动力机制的关键，主要以问卷调查数据为基础，使用描述性统计分析、方差分析、二元 Logistics 回归分析方法分析了乡村居民自身状况要素、居住状况要素、集中新建居民点对乡村居民迁居意愿的影响，研究发现：乡村居民自身状况要素中精神状况、家庭成员数显著影响了乡村居民的迁居意愿，精神状况越好、家庭成员数越多的乡村居民越倾向于不迁居；乡村居民居住状况要素中基础设施满意度、进城区所花费时间、现有房屋满意度显著影响了乡村居民的迁居意愿，基础设施满意度越高、进城区花费时间越少、现有房屋满意度越高的乡村居民越倾向于不迁居；调查样本中乡村居民最希望居住地是集中新建居民点，认为现居住在农村的居民迁居意愿影响力中，农村自身的推力大于城市的拉力，外出打工者回村意愿影响因素则为城市的拉力大于农村的推力，但集中新建居民点很可能会影响外出打工者迁回村的意愿。以此，乡村居民自身状况、乡村居民居住状况、集中新建居民点的影响力构建了农户角度的微观层次乡村聚居发展动力机制。

其次，在乡村聚居中观动力机制的研究中，从"推拉作用"看城镇与农村的人口变化，认为城镇化是农村人口迁居的关键影响力，使用了重庆 38 个区县的年鉴统计数据，运用空间计量经济学的分析方法，通过全局空间自相关性分析、局部空间自相关性分析及空间回归模型，以产业经济与固定资产投资的主要指标为解释变量，对重庆市县域空间农村人口空间集聚现象和迁移行为进行了研究分析，研究发现：城市人口与农村人口均呈现出空间集聚效应，城市人口更强；第一产业 GDP 未出现空间集聚效应；GDP、人均 GDP、固定资产投资总额、固定资产投资密度四个指标对农村人口县域空间的迁移行为有显著的影响作用，其中，GDP、固定资产投资总额对某地区农村人口呈现积极影响，人均 GDP 与固定资产投资密度呈现消极影响，且对农村人口的影响具有时间滞后效应，不同的指标影响不同。以此构成了本书中的乡村聚居中观动力机制。

最后，在乡村聚居宏观动力机制的研究中，基于新制度经济学理论的剖析，通过统计数据的分析，进行了户籍制度、土地制度对乡村聚居的影响研究；然后通过分析"上山下乡"特殊时期特殊政策、"新农村建设"和"美丽乡村"引导政策，阐述了国家政策对乡村聚居的影响，研究发现：在自上而下的体制下，政策作为制度的实施手段，中央政府政策对乡村聚居的发展具有约束性和决定性，与相关制度共同在乡村聚居宏观动力机制中起到了开关的作用。其中，户籍制度对乡村聚居发展的制约正在减弱，反向拉力依然很强，如大城市的户口仍然具有较强吸引力；土地制度仍然是乡村聚居发展的约束之一，但整体趋向正面影响，如新规定强调"地方政府不得强行要求进城落户农民转让在农村的土地承包权、宅基地使用权、集体收益分配权，或将其作为进城落户条件。"本书通过分析国家制度结构、地方政府、乡村居民三者之间的联系，认为通过法律、政策、政府行为互相影响、互相制约，共同构成了乡村聚居宏观动力机制。

总之，本书试图构建的乡村聚居发展动力机制理论是一个预测乡村聚居发展未来的工具，包含了从乡村聚居宏观走势、中观表象到微观本质的分析总和。微观动力机制是本质，是中观动力机制和宏观动力机制存在的基础；中观动力机制是表象，是微观动力机制和宏观动力机制综合交汇的反映，是宏观动力机制变化、决策的基础；宏观动力机制是开关、催化剂，是微观动力机制和中观动力机制的调节器。具体来看，三种动力机制合而为一作用在乡村聚居上，乡村聚居存在三种可能的发展趋势：第一，在原有的乡村聚居基础上发展，保持独特于城镇的吸引力，此时乡村聚居延续生存，此类型以特色乡村聚居（如传统村落）为主；第二，迁居集中新建居民点，伴随着社会发展逐渐达成一种"临界稳定""精准收缩"状态，此时乡村聚居借助新型农业、工业或服务业保持在一个相对于城镇较小的生态环境，得以持续发展；第三，乡村聚居在城镇化的影响下，直接空心化或先迁移集中新建居民点后，依然受到城镇化影响慢慢空心化直至消失。简而言之，乡村居民在乡村环境中居住生活满意度越高，越倾向于留在乡村发展。满意度取决于动力机制中宏观、中观、微观要素的整体作用，又或其中某一点满足了乡村居民的精神物质需求，乡村聚居发展就会得以延续。

8.3　动力机制研究与发展对策

在分析宏观、中观、微观乡村聚居发展动力机制相互联系、相互作用的基础上，提出了"三观合一"的乡村聚居发展动力机制。本书认为：中国特殊的、稳定的政治环境下，在户籍制度、土地制度不会发生根本性变化的基础上，科学的乡村规划亟需对地方政府和乡村居民两个主要的乡村发展实施主体进行法律上的"确权"，确定各级地方政府、乡村居民土地使用权等具体权力。在"确权"的基础上，以"数据决策"主导乡村发展规划，有利于乡村聚居顺应形势而发展。

　　本书认为：在社会化大生产的形势下，乡村相比较城镇无法适应大规模生产下产业集聚的条件，更无法满足人们日益增长的物质需求和精神需求，因此乡村聚居长期处于相对衰退的形势无法避免。乡村聚居可持续发展的关键在于满足乡村常住人口的物质与精神欲望，因此可以通过"精准收缩"式发展，优化乡村生产、生活、生态环境，降低整个社会对乡村发展的要求和索取，赋予乡村独立发展的生态环境，提高乡村相对于城镇独有的生态核心竞争力。同时，还应引导社会文化风向，将追逐物质名利的风气提升至追求自我精神满足的境界。通过降低人的物质欲望和提高乡村基础设施条件，自然会引导乡村聚居形成健康文明的可持续发展之路。

　　由于受客观条件与主观因素的制约，对城镇化进程中乡村聚居发展动力机制理论构建研究是一个初步尝试，存在着很多的不足之处，主要是微观、中观、宏观各层次的要素选择不够全面，地域范围偏狭窄等。总体而言，本书已实现了既定的研究目标，即通过文献研究构建乡村聚居发展动力机制理论框架，并通过重庆实证分析进行了理论诠释，最后提出了乡村聚居发展的趋势和建议。

参考文献

［1］ DOXIADIS C A. Ekistics, the science of human settlements.[J]. Science，1970，170（3956）：393–404.

［2］ 罗吉斯. 乡村社会变迁 [M]. 杭州：浙江人民出版社，1988.

［3］ 李守经. 中国农村社会学 [M]. 哈尔滨：黑龙江人民出版社，1989.

［4］ 刘乾先. 中华文明实录 [M]. 哈尔滨：黑龙江人民出版社，2002.

［5］ DOXIADIS C A. Man's movement and his settlements?[J]. International journal of environmental studies，1970，1（1–4）：19–30.

［6］ 吴良镛. 人居环境科学导论 [M]. 北京：中国建筑工业出版社，2001.

［7］ 方志协会. 中国方志大辞典 [M]. 杭州：浙江人民出版社，1988.

［8］ 费孝通. 乡土中国 [M]. 北京：人民出版社，2008.

［9］ 黄宗智. 中国小农经济的过去和现在：舒尔茨理论的对错 [Z]. 2008.

［10］ SKINNER G W. Marketing and social structure in rural China[J]. Journal of Asian studies，1964，24（2）：195–228.

［11］ 曾山山，周国华. 农村聚居的相关概念辨析 [J]. 云南地理环境研究，2011（3）：26–31.

［12］ 冯健. 城乡划分与监测 [M]. 北京：科学出版社，2012.

［13］ 刘建明，张明根. 应用写作大百科 [M]. 北京：中央民族大学出版社，1994.

［14］ 刘佩弦. 马克思主义与当代辞典 [M]. 北京：中国人民大学出版社，1988.

［15］ 林仲湘. 现代汉语字典 [M]. 北京：外语教学与研究出版社，2012.

［16］ 汝信. 社会科学新辞典 [M]. 重庆：重庆出版社，1988.

［17］ 淮春. 马克思主义哲学全书 [M]. 北京：中国人民大学出版社，1996.

［18］ 毕硕本，间国年，陈济民. 郑州 – 洛阳地区史前连续文化聚落的 K–means 聚类挖掘研究 [J]. 地理与地理信息科学，2007，23（5）：48–51.

［19］ 郑丽. 浦东新区聚落的时空演变 [D]. 上海：复旦大学，2008.

［20］ 郭晓东，马利邦，张启媛. 基于 GIS 的秦安县乡村聚落空间演变特征及其驱动机制研究 [J]. 经济地理，2012，32（7）：56–62.

［21］ 强海洋. 叶尔羌河流域乡村聚落发展研究 [D]. 北京：中国科学院，2009.

［22］ 蔡英杰. 陕北黄土丘陵沟壑区"原生态"聚落空间形态演化研究 [D]. 西安：西安建筑科技大学，2012.

［23］ 侯光良，刘峰贵，萧凌波，等. 青海东部高庙盆地史前文化聚落演变与气候变化 [J]. 地理学报，

2008，63（1）：34-40.

［24］ 孙子为.国际气候移民研究 [D].上海：华东师范大学，2012.

［25］ 贺龙，吴迪，白雪."走西口"历史沿线农耕聚落的演变与更新 [J].科技信息，2013（5）：45，94.

［26］ 俞万源，朱浩龙.梅县松口镇聚落变迁及其成因分析 [J].嘉应学院学报，2009，27（3）：106-112.

［27］ 郄瑞卿.基于景观生态学的农村居民点用地演变及影响因素分析：以吉林省磐石市为例 [J].安徽农业科学，2012，40（29）：14368，14345-14347.

［28］ 李君.农户居住空间演变及区位选择研究 [D].开封：河南大学，2009.

［29］ 余慧，邱建.西南丝绸之路与四川传统多民族聚落的生长和演变解析 [J].中国园林，2012，28（7）：87-91.

［30］ 王其亨.风水理论研究 [M].天津：天津大学出版社，1992.

［31］ 许飞进，刘强.乐安流坑村传统聚落形成与演变的特色探讨 [J].农业考古，2008（3）：236-238.

［32］ 张祝平.传统村庙的当代变迁及实践逻辑：浙南 Z 村马氏天仙殿重建考察 [C]//. 2012 年中国社会学年会：实践与反思：社会管理价值体系的构建，银川，2012：239-254.

［33］ 庄浩.京西传统聚落空间形态演变研究：以门头沟区为例 [D].北京：北京建筑工程学院，2010.

［34］ 肖绚，李松杰，李兴华.景德镇瓷业聚落景观演变及驱动因子研究 [J].陶瓷学报，2013，34（2）：255-260.

［35］ 钟笃粮.新时期江西省农村城镇化格局演变及动力机制研究 [D].北京：中国科学院，2009.

［36］ 李荣.我国城镇密集地区农村聚落发展趋势研究：以宁波市鄞州区为例 [D].北京：中国城市规划设计研究院，2007.

［37］ 蒋贵凰.城乡统筹视域下乡村内部动力机制的形成 [J].农业经济，2009（1）：50-52.

［38］ 陈晓华，张小林.城市化进程中农民居住集中的途径与驱动机制 [J].特区经济，2006（1）：150-151.

［39］ 王介勇，刘彦随，陈玉福.黄淮海平原农区典型村庄用地扩展及其动力机制 [J].地理研究，2010，29（10）：1833-1840.

［40］ LIAO F H F，WEI Y D. Dynamics，space and regional inequality in provincial China：a case study of Guangdong province[J]. Applied geography，2012，35（1-2）：71-83.

［41］ LONG H，ZOU J，LIU Y. Differentiation of rural development driven by industrialization and urbanization in eastern coastal China[J]. Habitat international，2009，33（4）：454-462.

［42］ XU W，TAN K C. Impact of reform and economic restructuring on rural systems in China：a case study of Yuhang，Zhejiang[J]. Journal of rural studies，2002，18（1）：65-81.

［43］ 李辉秋，王文靖，钟无涯.城乡一体化背景下村镇空间结构理论探析 [J].中国经贸导刊，2010（7）：36.

［44］ 舒帮荣，曲艺，李永乐，等.不同栅格尺度下镇域农村居民点变化驱动力研究：以太仓市浏河镇为例 [C]//. 2012 年中国土地科学论坛：社会管理创新与土地资源管理方式转变，南京，2012：

284-290.

［45］ 李丽 . 新农村建设依赖于外生驱动 [J]. 毛泽东邓小平理论研究，2007（9）：69-73.

［46］ 孙亚 . 农村劳动力流动对村庄发展的影响分析：以山东省单县烟庄村为个案 [D]. 北京：中国社会科学院研究生院，2010.

［47］ 龙花楼，李裕瑞，刘彦随 . 中国空心化村庄演化特征及其动力机制 [J]. 地理学报，2009，64（10）：1203-1213.

［48］ 吴文恒，郭晓东，刘淑娟，等 . 村庄空心化：驱动力、过程与格局 [J]. 西北大学学报（自然科学版），2012，42（1）：133-138.

［49］ 彭鹏 . 湖南农村聚居模式的演变趋势及调控研究 [D]. 上海：华东师范大学，2008.

［50］ DALKMANN H，HUTFILTER S，VOGELPOHL K，et al. Sustainable mobility in rural China[J]. Journal of environmental management，2008，87（2）：249-261.

［51］ 周洁，卢青，田晓玉，等 . 基于 GIS 的巩义市农村居民点景观格局时空演变研究 [J]. 河南农业大学学报，2011，45（4）：472-476，481.

［52］ 卢青，田晓玉，周洁，等 . 经济发达区道路对两侧农村居民点演变影响研究 [J]. 国土资源科技管理，2011，28（5）：7-12.

［53］ 朱英红，王筱明 . 历城区农村居民点用地动态演变研究 [J]. 山东师范大学学报（自然科学版），2013，28（2）：73-76.

［54］ 周国华，贺艳华，唐承丽，等 . 论新时期农村聚居模式研究 [J]. 地理科学进展，2010，29（2）：186-192.

［55］ 文雯，刘秀华，何威风，等 . 农户层面的农用地流转影响因子分析：以三峡库区沿江村为例 [J]. 西南师范大学学报（自然科学版），2014（7）：138-143.

［56］ 袁洁，杨钢桥，朱家彪 . 农村居民点用地变化驱动机制：基于湖北省孝南区农户调查的研究 [J]. 经济地理，2008（6）：991-994.

［57］ QI L，CHUN Y Y. Characteristics of rural labor emigration in minority areas of Honghe，Yunnan and its impact on new socialist countryside construction in the 21st century[J]. China population，resources and environment，2008，18（4）：85-86.

［58］ 孙贵艳 . 宁夏西吉县乡村聚落空间演进及其成因机制研究 [D]. 北京：中国科学院研究生院，2011.

［59］ MU R，ZHANG X. Do elected leaders in a limited democracy have real power? Evidence from rural China[J]. Journal of development economics，2014，107：17-27.

［60］ LI L H，LIN J，LI X，et al. Redevelopment of urban village in China：a step towards an effective urban policy? A case study of Liede village in Guangzhou[J]. Habitat international，2014，43：299-308.

［61］ 覃国慈，田敏 . 民族地区新农村建设的推动力量：乡村精英：以湖北省巴东县为个案 [J]. 中南民族大学学报（人文社会科学版），2006，26（6）：81-85.

［62］ 王文瑾 . 村庄的发展动力：评《社区的实践》[J]. 时代经贸（学术版），2007，5（3）：47-48.

［63］ MUKHERJEE A，ZHANG X. Rural industrialization in China and India：role of policies and institutions[J]. World development，2007，35（10）：1621-1634.

［64］ 仇方道，杨国霞.苏北地区农村城镇化发展机制研究：以江苏省沭阳县为例 [J]. 国土与自然资源研究，2006（4）：7-9.

［65］ 盛亦男.中国的家庭化迁居模式 [J]. 人口研究，2014（3）：41-54.

［66］ 林涛，王竹，高峻.浙北乡村集聚化进程中相关政策的空间动力解读 [J]. 建筑与文化，2012（10）：68-69.

［67］ 朱启臻，刘璐，韩芳.社会主义新农村建设的动力分析：论农村土地产权制度变革 [J]. 中国农业大学学报（社会科学版），2006（1）：34-37，43.

［68］ CHOY L H T, LAI Y, LOK W. Economic performance of industrial development on collective land in the urbanization process in China: empirical evidence from Shenzhen[J]. Habitat international, 2013, 40: 184-193.

［69］ YAN G F, JI S L. The modification of north China quadrangles in response to rural social and economic changes in agricultural villages: 1970‐2010s[J]. Land use policy, 2014, 39: 266-280.

［70］ 汤春杰.常熟市辛庄镇居民点分布实态研究 [D]. 上海：同济大学，2008.

［71］ QIAN Y W, MIAO Z, CHEOK C K. City profile: Shouguang[J]. Cities, 2014, 40: 70-81.

［72］ 彭金玉，鲁先锋.农村建设用地整理与地方政府官员的政治驱动力分析 [J]. 浙江学刊，2008（1）：128-132.

［73］ 邢健.国家建设视角下的村庄合并政策研究 [J]. 天津行政学院学报，2012，14（4）：73-78.

［74］ 方少莲.快速城市化地区村镇居住形态演变及其规划引导研究：以东莞市为例 [D]. 武汉：华中科技大学，2006.

［75］ 钟慧容.社会主义新农村建设的动力机制研究 [J]. 农村经济，2010（6）：32-35.

［76］ 张德升，焦云秋.新农村建设：实施主体及动力机制 [J]. Asian agricultural research, 2009（6）：13-15.

［77］ TAN M, LI X. The changing settlements in rural areas under urban pressure in China: patterns, driving forces and policy implications[J]. Landscape and urban planning, 2013, 120: 170-177.

［78］ SONG H, THISSE J O, ZHU X. Urbanization and/or rural industrialization in China[J]. Regional science and urban economics, 2012, 42（1‐2）：126-134.

［79］ 李淮春.马克思主义哲学全书 [M]. 北京：中国人民大学出版社，1996.

［80］ 费孝通.论小城镇及其他 [M]. 天津：天津人民出版社，1986：279.

［81］ 熊启泉.中国农村国内生产总值（GDP）的估计：理论、方法及实证测算 [J]. 统计研究，1999（2）：29-34.

［82］ LIU Y, LU S, CHEN Y. Spatio-temporal change of urban‐rural equalized development patterns in China and its driving factors[J]. Journal of rural studies, 2013, 32: 320-330.

［83］ LONG H, TANG G, LI X, et al. Socio-economic driving forces of land-use change in Kunshan, the Yangtze River Delta economic area of China[J]. Journal of environmental management, 2007, 83（3）：351-364.

［84］ 张学良，LIN H. 交通基础设施促进了中国区域经济增长吗 [J]. Social sciences in China, 2013（2）：24-47.

［85］严瑞河，刘春成.北京郊区农民城镇化意愿影响因素的实证分析 [J].中国农业大学学报（社会科学版），2014（3）：22-29.

［86］瞿振华.土地利用规划编制中农村民居点整理潜力研究：以京山县为例 [D].武汉：华中师范大学，2011.

［87］李世泰，孙峰华.农村城镇化发展动力机制的探讨 [J].经济地理，2006，26（5）：815-818.

［88］陈利东，黄志英，李珊，等.农村居民点用地发展变化驱动力研究：以鹿泉市为例 [J].中国农学通报，2012，28（20）：204-209.

［89］彭长生.城市化进程中农民迁居选择行为研究：基于多元 Logistic 模型的实证研究 [J].农业技术经济，2013（3）：15-25.

［90］林毅夫.人口流动的过程也是产业升级的过程 [Z].2016.

［91］LEDENT J. Rural-urban migration，urbanization，and economic development[J]. Economic development and cultural change，1982，30（3）：507-538.

［92］KEYFITZ N. Do cities grow by natural increase or by migration[J]. Geographical analysis，1980，12（2）：142-156.

［93］林毅夫.制度、技术与中国农业发展 [M].上海：上海三联书店，1992.

［94］CHEN A. The 1994 tax reform and its impact on China's rural fiscal structure[J]. Modern China，2008，34（3）：303-343.

［95］李小建.农户地理论 [M].北京：科学出版社，2009.

［96］TIEBOUT C M. A pure theory of local expenditures[J]. Journal of political economy，1956，64（5）：416-424.

［97］胡玉敏，踪家锋.用脚投票带来了什么？：Tiebout 模型的文献评述 [J].石家庄经济学院学报，2014（2）：1-5.

［98］NORTHAM R M. Urban geography [M]. New York：Wiley，1979.

［99］TODARO M P. A model of labor migration and urban unemployment in less developed countries[J]. The American economic review，1969，59（1）：138-148.

［100］谢文蕙，邓卫.城市经济学 [M].北京：清华大学出版社，1995.

［101］刘树成.现代经济辞典 [M].南京：凤凰出版社，2005.

［102］赫希.城市经济学 [M].北京：中国社会科学出版社，1990.

［103］胡焕庸.中国人口之分布：附统计表与密度图 [J].地理学报，1935（2）.

［104］刘凤朝.经济社会发展对人口空间分布影响研究 [M].北京：科学出版社，2013.

［105］萧浩辉.决策科学辞典 [M].北京：人民出版社，1995.

［106］徐伟新.社会动力论 [M].北京：人民出版社，1988.

［107］李超杰.20 世纪中国哲学著作大辞典 [M].呼和浩特：警官教育出版社，1994.

［108］邓小平.邓小平文选：第 3 卷 [M].北京：人民出版社，1993.

［109］刘蔚华.方法大辞典 [M].济南：山东人民出版社，1991.

［110］赵静，任绍斌.六安城市规划区内农民集中建房与迁居意愿调查研究：基于 5000 份村民意愿的调查问卷 [C]// 中国城市规划学会.新常态：传承与变革——2015 中国城市规划年会论文集

（14 乡村规划）. 北京：中国建筑工业出版社，2015：9.

[111] 董衡苹. 城乡统筹背景下农村居民集中居住的迁居意愿分析 [C]// 中国城市规划学会. 转型与重构：2011 中国城市规划年会论文集 [M]. 南京：东南大学出版社，2011：8.

[112] 李君，李小建. 农村居民迁居意愿影响因素分析 [J]. 经济地理，2008（3）：454–459.

[113] 滕丽颖. 损益认知、政府信任对迁居意愿的影响 [D]. 哈尔滨：哈尔滨工程大学，2012.

[114] 蔡红辉. 浙江省中心镇人口集聚问题与影响因素研究 [D]. 杭州：浙江大学，2011.

[115] 唐文跃. 旅游开发背景下古村落居民地方依恋对其迁居意愿的影响：以婺源古村落为例 [J]. 经济管理，2014（5）：124–132.

[116] 杨建云. 基于个体购房迁居的城乡与城城分化分析：以河南省为例 [J]. 干旱区资源与环境，2016（7）：8–13.

[117] 武曼玲. 自发性迁居：农民家庭主动市民化的研究 [D]. 上海：华东理工大学，2014.

[118] 王利伟，冯长春，许顺才. 城镇化进程中传统农区村民城镇迁居意愿分析：基于河南周口问卷调查数据 [J]. 地理科学，2014（12）：1445–1452.

[119] 周春芳. 发达地区农村劳动力迁居意愿的影响因素研究：以苏南地区为例 [J]. 调研世界，2012（8）：33–37.

[120] 成艾华，田嘉莉. 农民市民化意愿影响因素的实证分析 [J]. 中南民族大学学报（人文社会科学版），2014（1）：133–137.

[121] 潘爱民，韩正龙，阳路平. 快速城市化地区农户迁居意愿研究 [J]. 湖南科技大学学报（自然科学版），2010（4）：110–114.

[122] 张玉洁，唐震，李倩. 江苏省农村劳动力转移情况的地区差异：基于苏南、苏中、苏北三地的实证分析 [J]. 华中农业大学学报（社会科学版），2006（4）：41–44.

[123] 何雄，陈攀. 农村女性迁居城镇意愿状态的实证分析：以鄂州、黄石、仙桃三地为例 [J]. 中国人口·资源与环境，2013（1）：97–102.

[124] 蔡禾，王进. "农民工"永久迁移意愿研究 [J]. 社会学研究，2007（6）：86–113.

[125] 李武斌，刘艳丽，吴国裕. 西北地区农民工外出务工空间行为与定居意愿研究 [J]. 西部经济管理论坛，2015（1）：6–13.

[126] 陈余婷，张丽艳. 社会保障对新生代农民工迁居城市的影响分析：基于广州、深圳、东莞三市的调查 [J]. 社会保障研究，2012（1）：67–77.

[127] 何深静，齐晓玲. 广州市三类社区居住满意度与迁居意愿研究 [J]. 地理科学，2014（11）：1327–1336.

[128] 王华. 发达地区农村劳动力转移与迁移意愿分析：对广州 10 村的调查 [J]. 南方人口，2008(4)：45–49.

[129] 赵玉娟. 陕北地区县域单元城镇化进程中人口迁移研究 [D]. 西安：长安大学，2015.

[130] 吴业苗. "小城镇牵引"效应与农民的迁移意愿 [J]. 理论导刊，2004（12）：35–37.

[131] LIN J P, LIAW K L, TSAY C L. Determinants of fast repeat migrations of the labor force：evidence from the linked national survey data of Taiwan[J]. Environment and Planning A, 1999, 31（5）：925–945.

［132］ KIM H K. Social-factors of migration from rural to urban areas with special reference to developing-countries: the case of Korea[J]. Social indicators research, 1982, 10（1）: 29-74.

［133］ Speare A. Residential satisfaction as an intervening variable in residential mobility[J]. Demography, 1974, 11（2）: 173-188.

［134］ XE J, DING S, ZHONG Z, et al. Mental health is the most important factor influencing quality of life in elderly left behind when families migrate out of rural China[J]. Revista Latino-Americana de enfermagem, 2014, 22（3）: 364-370.

［135］ PAN Y, ZHOU T, ZHANG H, et al. Are rural residents' mental health influenced by the new countryside construction? An investigation in Chongqing, China[J]. Revista de cercetare si interventie sociala, 2015, 51: 135-149.

［136］ KESSLER R C, ANDREWS G, COLPE L J, et al. Short screening scales to monitor population prevalences and trends in non-specific psychological distress[J]. Psychological medicine, 2002,32（6）: 959-976.

［137］ 张璐, 杜宏茹, 雷加强, 等. 少数民族聚集区乡村空间重构的影响机理: 以新疆和田地区为例[J]. 中国人口·资源与环境, 2016, 26（6）.

［138］ 张文彤. SPSS 统计分析高级教程 [M]. 北京: 高等教育出版社, 2013.

［139］ 刘彦随, 龙花楼, 陈玉福, 等. 中国乡村发展研究报告 [M]. 北京: 科学出版社, 2011: 211.

［140］ RAVENSTEIN E G. The laws of migration[J]. Journal of the statistical society of London, 1885,48（2）: 167-235.

［141］ RAVENSTEIN E G. The laws of migration[J]. Journal of the royal statistical society, 1889, 52（2）: 241-305.

［142］ HEBERLE R. The causes of rural-urban migration a survey of german theories[J]. American journal of sociology, 1938.

［143］ LEE E S. A theory of migration[J]. Demography, 1966, 3（1）: 47-57.

［144］ ZIPF G K. The P 1 P 2/D hypothesis: on the intercity movement of persons[J]. American sociological review, 1946, 11（6）: 677-686.

［145］ DAY K M. Interprovincial migration and local public goods[J]. Canadian journal of economics, 1992: 123-144.

［146］ HSR' NG Y. THE impacts of welfare benefits and tax buhdens on interstate migration[J]. Regional science perspectives, 1995, 25（2）.

［147］ CEBULA R J, ALEXANDER G M. Determinants of net interstate migration: 2000—2004[J]. Journal of regional analysis and policy, 2006, 36（2）: 116-123.

［148］ IVLEVS A, KING R M. Kosovo: winning its independence but losing its people? Recent evidence on emigration intentions and preparedness to migrate[J]. International migration, 2015, 53（5）: 84-103.

［149］ ELLSON R. Fiscal impact on intrametropolitan residential location: further insight on the tiebout hypothesis[J]. Public finance review, 1980, 8（2）: 189-212.

［150］ OTRACHSHENKO V, POPOVA O. Life（dis）satisfaction and the intention to migrate: evidence from central and eastern Europe[J]. Journal of socio-economics，2014，48：40-49.

［151］ SHEFER D. The effect of agricultural price-support policies on interregional and rural-to-urban migration in korea：1976—1980[J]. Regional science and urban economics，1987，17（3）：333-344.

［152］ LIN J P，LIAW K L. Labor migrations in Taiwan：characterization and interpretation based on the data of the 1990 Census[J]. Environment and planning A，2000，32（9）：1689-1709.

［153］ CARSON M T，HUNG H. Semiconductor theory in migration：population receivers，homelands and gateways in Taiwan and island southeast Asia[J]. World archaeology，2014，46（4SI）：502-515.

［154］ ZHANG K H，SONG S. Rural-urban migration and urbanization in China：evidence from time-series and cross-section analyses[J]. China economic review，2003，14（4）：386-400.

［155］ 周春山 . 中国城市人口迁居特征、迁居原因和影响因素分析 [J]. 城市规划汇刊，1996（4）：17-21.

［156］ FANG C，DEWEN W. Impacts of internal migration on economic growth and urban development in China[Z]. 2008：245.

［157］ 陈安宁 . 空间计量学入门与 GeoDa 软件应用 [M]. 杭州：浙江大学出版社，2014.

［158］ 洪开荣 . 空间经济学的理论发展 [J]. 经济地理，2002（1）：1-4.

［159］ ANSELIN L. Spatial econometrics：methods and models[M]. Kluwer academic publishers，1988：310-330.

［160］ 赵儒煜，刘畅 . 日本都道府县劳动力流动与区域经济集聚：基于空间计量经济学的实证研究 [J]. 人口学刊，2012（2）：32-42.

［161］ 吴玉鸣 . 县域经济增长集聚与差异：空间计量经济实证分析 [J]. 世界经济文汇，2007（2）：37-57.

［162］ 金江 . 交通基础设施与经济增长：基于珠三角地区的空间计量分析 [J]. 华南师范大学学报（社会科学版），2012（1）：125-129.

［163］ 张学良 . 中国交通基础设施促进了区域经济增长吗：兼论交通基础设施的空间溢出效应 [J]. 中国社会科学，2012（3）：60-77.

［164］ 陆文聪，梅燕 . 中国粮食生产区域格局变化及其成因实证分析：基于空间计量经济学模型 [J]. 中国农业大学学报（社会科学版），2007（3）：140-152.

［165］ 赵亮，陶红军 . 中国农产品国际贸易空间自相关性分析：基于均值数据视角 [J]. 湖南农业大学学报（社会科学版），2009（4）：17-21.

［166］ 李恒 . 区域创新能力的空间特征及其对经济增长的作用 [J]. 河南大学学报（社会科学版），2012（4）：73-79.

［167］ 胡玉敏，杜纲 . 中国各省区环境污染趋同研究：基于 4 种污染物的空间计量分析 [J]. 科学对社会的影响，2009（2）：32-35.

［168］ 顾佳峰 . 医改进程中县级市卫生空间博弈研究 [J]. 中国卫生经济，2013（1）：57-59.

［169］ 王智新，梁翠 . 我国刑事错案与刑事犯罪关系之分析：基于空间计量经济学分析方法 [J]. 广东商学院学报，2012（6）：91-92.

［170］ 苏敬勤，宋华东，姜照华 . 基于空间计量经济学的河南高速公路网收费优化分析 [J]. 地域研究

与开发，2010（5）：60-63.

［171］阚大学，罗良文. 我国城市化对能源强度的影响：基于空间计量经济学的分析 [J]. 当代财经，2010（3）：83-88.

［172］TOBLER W R. A computer movie simulating urban growth in the detroit region[J]. Economic geography, 1970, 46（2）: 234-240.

［173］胡蒙蒙，张军民，彭丽媛，等. 基于 GeoDA 的新疆人均 GDP 空间关联性研究 [J]. 干旱区资源与环境，2016（1）：42-48.

［174］金瑞，史文中. 广东省城镇化经济发展空间分析 [J]. 经济地理，2014（3）：45-50.

［175］王岩松，赵永. 河南省经济发展的空间相关性及尺度效应 [J]. 地理与地理信息科学，2015（5）：69-72.

［176］李迎成，张一凡，徐嘉勃. 基于 ESDA 的县域产业空间布局规划研究：以江苏省如东县为例 [J]. 现代城市研究，2014（8）：113-119.

［177］文玉钊，钟业喜，熊文平. 江西省农村居民收入时空差异及其影响因素 [J]. 经济地理，2012（5）：133-139.

［178］柳思维，徐志耀，唐红涛. 公路基础设施对中部地区城镇化贡献的空间计量分析 [J]. 经济地理，2011（2）：237-241.

［179］陈建国. 我国基础设施经济增长效应的传导机制实证检验 [J]. 新疆大学学报（哲学·人文社会科学版），2010（6）：10-16.

［180］戴丽娜，王青玉. 人口空间分布及迁移影响的实证分析：基于空间计量方法与河南省数据 [J]. 统计与信息论坛，2013（4）：61-66.

［181］ANSELIN L. Local indicators of spatial association：LISA[J]. Geographical analysis, 1995, 27（2）: 93-115.

［182］吴玉鸣. 中国区域研发、知识溢出与创新的空间计量经济研究 [M]. 北京：人民出版社，2007.

［183］刘志强，谢家智. 户籍制度改革与城乡收入差距缩小：来自重庆的经验证据 [J]. 农业技术经济，2014（11）：31-39.

［184］姜锋. 中国农村土地制度问题研究 [D]. 北京：中共中央党校，2008.

［185］田光明. 城乡统筹视角下农村土地制度改革研究 [D]. 南京：南京农业大学，2011.

［186］周其仁. 城乡中国：下 [M]. 北京：中信出版社，2014.

［187］袁铖. 中国农村土地制度变迁：一个产权的视角 [J]. 中南财经政法大学学报，2006（5）：18-22.

［188］厉以宁. 走向繁荣的战略选择 [M]. 北京：经济日报出版社，2013.

［189］范毅. 农村土地制度对人口迁移的影响研究 [D]. 北京：中国农业大学，2007.

［190］PAN Y, ZHOU T. Redevelopment of rural settlements in Lizhuang town, Yibin city, China[J]. Open house international, 2015, 40（4）: 50-54.

［191］魏西云，金晓斌. 地票运行绩效及改革路径 [J]. 中国土地，2012（6）：56-58.

［192］张文新，蔡玉梅，吕国玮，等. 重庆市燕坝村农地流转中的土地管理问题研究 [J]. 中国土地科学，2012（1）：17-20.

［193］重庆农村土地交易所. 新型城镇化建设系列报道之一：重庆地票改革试验情况 [EB/OL]. [2016-

01–01]. www.gov.cn.

［194］杨飞 . 反思与改良：地票制度疑与探：以重庆地票制度运行实践为例 [J]. 中州学刊，2012（6）：70–74.

［195］王林，赵恒婧 . 地票复垦阶段风险及对策研究 [J]. 经济体制改革，2016（1）：97–103.

［196］孙国华 . 中华法学大辞典 [M]. 北京：中国检察出版社，1997.

［197］于云瀚 . 上山下乡运动与中国城市化 [J]. 学术研究，2000（9）：78–83.

［198］叶辛 . 论中国大地上的知识青年上山下乡运动 [J]. 社会科学，2006（5）：5–17.

［199］朱启臻 . 留住美丽乡村 [M]. 北京：北京大学出版社，2014.

［200］张五常 . 中国的经济制度 [M]. 北京：中信出版社，2009.

［201］周业安，李涛 . 地方政府竞争和经济增长 [M]. 北京：中国人民大学出版社，2013.

［202］温铁军 . 征地与农村治理问题 [J]. 华中科技大学学报（社会科学版），2009（1）：1–3.

［203］温铁军 . 重新解读我国农村的制度变迁 [J]. 天涯，2001（2）：18–25.

［204］王涛 . 中国成语大辞典 [M]. 上海：上海辞书出版社，1987.

［205］葛丹东 . 中国村庄规划的体系与模式 [M]. 南京：东南大学出版社，2010.

［206］王芳，易峥，钱紫华 . 城乡统筹理念下的中国城乡规划编制改革：探索、实践与启示 [C]// 中国城市规划学会 . 转型与重构：2011 中国城市规划年会论文集 . 南京：东南大学出版社，2011：8.

［207］甄峰 . 基于大数据的规划创新 [J]. 规划师，2016（9）：45.

［208］吴一洲，陈前虎 . 大数据时代城乡规划决策理念及应用途径 [J]. 规划师，2014（8）：12–18.

［209］胡海 . 规划行业发展大数据呼唤顶层设计 [J]. 城市规划，2015（12）：98–100.

［210］VIKTOR M S，KENNETH C. 大数据时代：生活工作与思维的大变革 [M]. 杭州：浙江人民出版社，2013：213.

［211］扈万泰，王力国，舒沐晖 . 城乡规划编制中的"三生空间"划定思考 [J]. 城市规划，2016（5）：21–26.

［212］龙花楼 . 论土地整治与乡村空间重构 [J]. 地理学报，2013（8）：1019–1028.

［213］殷仁胜，贾孔会 . 秩序选择：新农村建设法制化的思考 [J]. 农村经济，2007（8）：12–14.

［214］张庆侠，苏国安 . 试论村民自治与我国农村民主化进程 [J]. 河北师范大学学报（哲学社会科学版），2001，24（2）：44–47.

［215］汪光焘 . 贯彻《城乡规划法》依法编制城乡规划：在全国城市规划院院长会议上的讲话 [J]. 城市规划，2008，32（1）：9–16.

［216］宁越敏 . 新城市化进程：90 年代中国城市化动力机制和特点探讨 [J]. 地理学报，1998（5）：88–95.

［217］蔡昉 . 中国农村改革三十年：制度经济学的分析 [J]. 中国社会科学，2008（6）：99–110.

［218］赵民，游猎，陈晨 . 论农村人居空间的"精明收缩"导向和规划策略 [J]. 城市规划，2015，39（7）：9–18.